U0264301

光纤超声波传感器及其成像应用

刚婷婷◎著

中国石化出版社

内 容 提 要

本书基于超声波成像技术的应用与发展，针对目前工程应用中超声波探测器所存在的问题，提出光纤超声波传感器的探测方式，通过搭建光纤超声波测试平台，设计光纤超声波传感器，实现了不同领域下的超声波检测及成像，在响应灵敏度、空间分辨率、成像方式等方面均有大幅提升和改善，推进了光纤超声波传感器用于超声波成像技术的实用化进程。

本书可供从事超声波探测的技术人员及光纤传感技术的研究学者借鉴和参考，也可作为高等院校相关专业研究生的参考资料。

图书在版编目（CIP）数据

光纤超声波传感器及其成像应用／刚婷婷著．—北京：
中国石化出版社，2022.4
ISBN 978－7－5114－6657－0

Ⅰ．①光… Ⅱ．①刚… Ⅲ．①光纤传感器－超声波
传感器 Ⅳ．①TP212.4

中国版本图书馆 CIP 数据核字（2022）第 061384 号

中国石化出版社出版发行
地址:北京市东城区安定门外大街 58 号
邮编:100011 电话:(010)57512500
发行部电话:(010)57512575
http://www.sinopec-press.com
E-mail:press@sinopec.com
北京艾普海德印刷有限公司印刷
全国各地新华书店经销
*
710×1000 毫米 16 开本 11 印张 201 千字
2022 年 6 月第 1 版 2022 年 6 月第 1 次印刷
定价:59.00 元

前　言

　　超声波成像具有无电离辐射、相对安全、成像速度快等优点，已成为一种备受关注的新技术，被广泛地应用在多个领域，如医学诊断、地质勘探、材料、结构健康监测等。对于该成像技术而言，超声波探测器是用来获取被测物体内部结构信息的核心器件。目前工程应用中的超声波探测器多采用压电陶瓷换能器，但其在高精度和特殊环境的应用需求中有一定局限性，如体积大、响应灵敏度较低、易受环境电磁干扰、复用性较差等。从应用需求和技术发展的角度，超声波成像技术仍然需要在技术上有新进展和新突破。

　　随着光纤及传感器结构的丰富变化、高新激光微加工技术的日益突破，以及新材料产业的迅猛发展，诸多科学问题和相关机制得以发现和解决，为光纤超声波传感器的研究和发展提供了良好的基础。由于光纤传感技术相比于传统检测方式具有突出优势，如灵敏度高、抗电磁干扰、体积小等，特别是在超声波成像领域具有巨大的潜力，因此研究光纤超声波传感器对于超声波成像技术的发展意义重大。

　　本书共分为7章。第1章介绍了超声波成像技术中光纤超声波传感器的研究背景和意义；概述了光纤传感器的基本原理、发展历程、优点和分类；梳理了光纤超声波传感器的发展历程。第2章主要介绍了应用最为广泛的几类光纤超声波传感器，分别是强度调制型光纤超声波传感器、干涉型光纤超声波传感器以及波长调制型光纤光栅超声波传感器。通过对各类光纤超声波传感器的理论分析和研究，为后续实验奠定了坚实的基础。第3章从理论方面阐述了超声波在不同介质中的传播规律以及超声波在传播过程中的反射、折射和衰减规律。这些规律为光纤超声波传感器的结构设计及测试表征奠定了理论基础。第 4~6 章介绍了光纤超声波传感器分别在地震物理模型成像领域、生物医学领域、结构健康监测领域的应用。第 7 章介绍了全光纤超声波检测技术。

本书获西安石油大学优秀学术著作出版基金和陕西省自然科学基础研究计划项目(项目编号：2022JQ-715)资助出版。此外，在本书的撰写过程中得到了西安石油大学理学院的所有领导、老师、同学和家人给予的支持与鼓励，在此一并表示感谢。

由于编者水平有限，书中难免会有疏漏和不足之处，恳请广大读者提出宝贵意见和建议。

目　　录

第1章 绪 论

与其他成像技术相比，超声波成像技术具有无电离辐射、相对安全和成像速度快等优点[1]，目前已被广泛应用到医学诊断、地质勘探、材料、结构健康监测等多个领域[2-5]。尽管如此，超声波成像技术仍存在诸如空间分辨率不高和成像易受噪声影响等问题，需要进一步改进[6]。光纤之父、华裔物理学家高锟开创性地提出：利用光纤可实施高效长程的信号传送。光纤通信及传感技术由此得以高速发展。光纤传感技术近几十年来发展迅猛，具有灵敏度高、抗电磁干扰、体积小等优点，特别是在超声波成像领域具有巨大的潜力，所研制的多样化光纤传感器逐渐替代常规的电磁类传感器，广泛用于石油工业、军事、国防、航天航空、医药卫生、计量测试、建筑、家用电器、环境监测与保护等领域。在本章中，首先，介绍了超声波成像技术中光纤超声波传感器的研究背景和意义；其次，概述了光纤传感器的基本原理、发展历程、优点和分类；最后，梳理了光纤超声波传感器的发展历程。

1.1 超声波检测技术概况

作为常规的无损检测技术之一的超声波检测技术具有灵敏度高、穿透能力强、能准确定位缺陷位置、单边探测、对人体无害等优点。它是通过探测在被测物内传播的超声波遇到分界面时的反射波或透射波来获取被测物内部的缺陷信息。当被测物内部存在缺陷时，主要表现在：来自被测物内部的反射超声波信号幅值和通过被测物后超声波的衰减。在超声波检测技术中，超声波成像技术是最早提出并得到实现的。该技术已成为一种令人瞩目的新技术，作为定量检测的重要手段它具有非常广泛的应用空间和广阔的发展前景[7,8]。超声波成像技术就是通过使用超声波来获得被测物内部可见图像的。由于超声波可以穿透很多不透光的物体，所以利用超声波可以获得这些被测物内部结构声学特性的信息。超声波成像技术将这些所测到的信息通过后期数据的处理最终将其转换为直接反映被测物内部结构信息的图像。早在 1920 年，科学家们就开始进行了关于声成像的研究，但是由于当时技术上的限制使得超声波成像技术研究的进展十分缓慢。直至 20 世纪 60 年代末，随着科学技术的进一步高速发展特别是在数字信号处理、多种功能的智能系统和计算机技术等方面使得超声波成像技术成为了超声波检测领域内发展最快的一种技术。就目前而言，超声波成像技术已经被广泛应用于多个领域（图 1.1）：医学诊断、地质勘探、材料、结构健康监测等。

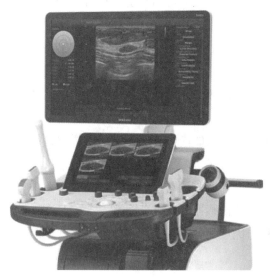

(a) 医学诊断

(b) 石油管线监测

(c) 桥梁结构健康监测

图 1.1 超声波成像技术应用领域

将超声波成像技术应用于医学诊断领域主要包括三个阶段，分别是利用一维检测法（A、M 型超声波）来获取人体组织的一维信息[9,10]，通过采用接收超声波的幅值来进行实时成像进而获取人体组织结构的二维信息并利用彩超对人体内运动组织的检测。其中，A 型超声波是一种幅度调制型，是国内早期最普及最基本的一类超声诊断仪，目前已基本淘汰。M 型超声波是采用辉度调制以亮度反映回声强弱。M 型超声波显示体内各层组织对于体表（探头）的距离随时间变化的曲线，是反映一维的空间结构。由于 M 型超声波多用来探测心脏，因此常称为 M 型超声波心动图。目前其作为二维彩色多普勒超声心动图仪的一种显示模式设置于仪器上。B 型超声波显示是利用 A 型超声波和 M 型超声波显示技术发展起来的。它将 A 型超声波的幅度调制显示改为辉度调制显示，亮度随着回声信号大小而变化，反映人体组织二维切面断层图像。B型超声波显示的实时切面图像，真实性强、直观性好、容易掌握。彩色多普勒血流显像简称彩超，包括二维切面显像和彩色显像两部分。高质量的彩色显示要求有满意的黑白结构显像和清晰的彩色血流显像。在显示二维切面的基础上，打开"彩色血流显像"开关，彩色血流的信号将自动叠加于黑白的二维结构显示上，可根据需要选用速度显示、方差显示或功率显示。随着超声波成像技术的不断发展，其在医学诊断领域的应用也已从单一器官扩展到全身，从静态探测扩展到动态探测，从定性的探测结果到定量的探测结果。在未来，超声波成像技术将会给医学提供更加丰富更加准确的诊断信息和结果。但是，就目前而言，仍存在一些问题有待进一步研究和改进：提高成像质量（超声波探测灵敏度和分辨率）、诊断的可靠性和如何获取尽可能多的人体组织信息（诊断依据）[11]。

作为资源大国，我国拥有丰富的地下石油天然气资源。为保障油气资源的高效开发和利用，需要科学采集、认知地质结构信息，以探明地下油气藏分布规律。对比于常规的油气勘探方法（如电法勘探、磁力勘探、重力勘探等），地震波勘探是油气勘探中一种应用广泛的最重要方式。

针对我国地质结构超声波数据不足的缺点，也可将超声波成像技术用于地震物理模型探测。这可以在接近理想条件下获得超声波的传输规律并对超声波在实际地质结构中的传播路径进行理论预测。地震物理模型指的是将实际地质结构等比例地缩小制成的模拟真实地质结构的模型（图1.2）。在进行

图1.2 地震物理模型

地震物理模拟的时候，为了使超声波在模型中的传播时间与实际地震波在地质体中的传播时间成比例，必须使模型的尺寸与实际地质构造或地质体的尺寸呈一定比例关系，这是地震物理模拟的几何相似原理。物理模型的构建一般分两步：一是模型设计；二是模型制作。在模型设计中，根据研究目的将实际地层参数进行适当的简化，制定物理模型的相似比，得到物理模型的设计图。在模型制作中，依据设计图构建模具，依据地层参数配制模型材料，最终实现物理模型的制作。超声波成像技术对地震物理模型探测的结果比较真实有效并且不受计算方法、假设及现场条件的限制。与真实的地质结构探测实验相比，对实

验室搭建的地震模型进行探测成像具有成本低，重复性、稳定性及可控性好等
优点[12]。

对于超声波成像技术而言，获取被测物内部分层信息的核心器件是超声波
探测器。传统的超声波探测装置为PZT，具有体积大、响应灵敏度较低、易受
环境电磁干扰、复用性较差等缺点，无法满足特殊环境下(如高温高压等)一些
被测物精细成像的需求。光纤是一种由玻璃(或塑料)制成的纤维波导结构，一
般呈圆柱形。光纤结构一般分为三层：中心层为较高折射率的玻璃纤芯，次层
是较低折射率的硅玻璃包层，最外层为树脂涂覆层。光在纤芯内传输时，若光
从纤芯到包层的入射角大于光全反射的临界角，光无法出射纤芯而被全部反射
回来，留在纤芯内继续向前传输；光纤涂覆层主要起加强与保护作用，提高光
纤抗弯曲和抗拉强度，并隔离杂散光。因光纤自身独特的优点(如：结构轻巧、
安全可靠、成本低、耐腐蚀、抗干扰能力强、频带宽、灵敏度高、响应速度快
等)，在过去几十年里，光纤传感作为一种智能化检测技术已然引起广泛关注
并获得巨大进展。

图1.3为光纤传感器和PZT检测主频300kHz脉冲超声波的对比。从图中可
以看出：光纤传感器可以更好地感测超声波。因此将光纤传感器应用于超声波成
像技术中，通过研究和优化不同类型的光纤超声波传感器，搭建超声波检测系
统，可实现超声波的高灵敏度探测。另外，通过对超声波探测结果受温度影响和
超声波检测系统工作效率问题进行研究，将温度自校准方法和自动控制扫描系统
与原本的超声波检测系统结合以实现快速准确的扫描成像。这些研究工作具有重
要的意义和实用价值，对超声波成像技术在小型化、灵敏度提升、探测分辨率提
升、特殊环境探测等方面均有一定的帮助，进而推动超声波成像技术的进一步
发展。

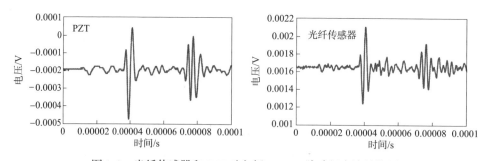

图1.3 光纤传感器和PZT对主频300kHz脉冲超声波的检测

1.2 光纤传感器概述

1.2.1 光纤传感器的发展历程和原理

传感器是指可以检测到外部信息，并且将其转换成电信号或者其他信号进行传输、处理、存储和显示的检测设备。它是获取所需求外界信息的一种不可或缺的辅助型器件。传统的电学传感器存在着一些根本的缺点，如传输损耗过大、可复用的能力较差和易受电磁信号干扰，特别是在一些极端工作环境(如强电磁场、强辐射场、高温高压环境等)下应用会受到一定程度的限制。华裔物理学家、诺贝尔物理学奖得主高锟博士(图1.4)于1966年首次提出使用光纤并利用光纤特性将其作为传输介质实现光通信的可行性[13-15]。随后，同时使用石英玻璃制作成的超低损耗光纤和将半导体激光器作为光源的光纤通信系统的陆续出现，在全球范围内掀起了一场关于通信技术的"大变革"。光纤是利用光的全反射原理，在光纤内部实现对光信号的远距离、低损耗传输的一种光传导材料工具。科学家们在对光纤通信技术的研究过程中发现了光纤不仅可以在通信领域作为传播介质对光波进行传输，也可以将其作为传感器来直接或间接地感测外界环境的变化。近些年来，基于各种传感原理和敏感结构的光纤传感技

图1.4 高锟博士被授予2009年
诺贝尔物理学奖

术取得了高速的发展，光纤传感器也从最初的 SMF 调制型发展成为多功能、高效且智能化的传感网络[16-18]。

最简单光纤传感系统由光源、光纤、传感元件和探测器组成(图1.5)[19-22]。在光纤传感系统中，气体激光器、氩离子激光器、二氧化碳激光器、固体激光器、半导体激光器等是较为常见的光源。这些光源的特性参数主要包括：辐射效率、光谱功率分布、发光效率、光源的颜色、空间光强分布、光源的色温。因此，在特定应用中选择光源时，应当同时将光源的强度、稳定性、光谱特性等性能考虑进去。在光纤传感系统中，半导体材料制成了光电探测器。当光照射到半

导体材料表面时，价带中的电子吸收光子，获得能量的电子跃迁到导带，同时在价带中留下了空穴。在外加偏置电压的情况下，电子空穴对的运动会形成电流，这个电流常称为光生电流。常用的探测器有 PIN 探测器、APD 探测器、InGaAs 探测器阵列和 CCD 探测器阵列。

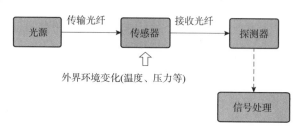

图 1.5　光纤传感系统的基本形式

图 1.6 为光纤传感器的工作原理示意图。当在光纤中传输的光波受到外部环境如温度、振动、应变和折射率等的调制时，会引起所传输光波的特征参量如光强、波长、偏振、相位等发生一定的变化，通过解调光波特征参量的变化情况可以得到外界待测物理量的具体信息[23]。图 1.7 描述了沿光纤传播的光波在外界物理量的调制下，特征参量可能发生的各种变化，如幅度、波长、相位、频率和偏振等。

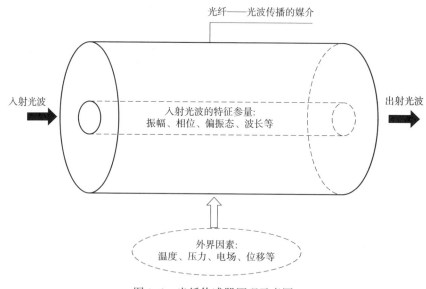

图 1.6　光纤传感器原理示意图

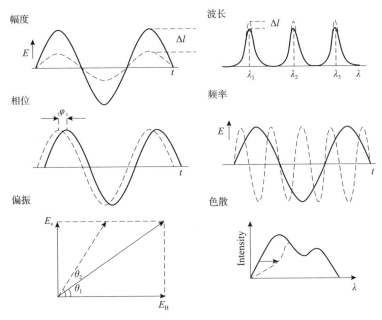

图 1.7 外界物理量对光纤中的传输光的调制作用

1.2.2 光纤传感器的优点

光纤传感器与传统的传感器相比具有如下突出优势[24-34]：①高灵敏度，光波的波长较短，外界的微小扰动作用在光纤上会导致光波的特征参量发生较大变化。已有理论和实验证明，光纤干涉技术对外界参量变化检测的灵敏度明显高于普通的传感器。②抗电磁干扰、电绝缘、光纤材料耐腐蚀，普通的石英光纤不仅是电绝缘介质而且其材料耐腐蚀。在光纤中传播的光波作为信号的传播媒介是不会受到外界电磁场的干扰，安全可靠。因此，光纤传感器可被应用于恶劣环境中来感知外界变化，如强电磁场、强辐射场、高温高压环境等。③体积小，重量轻，易成网，光纤的尺寸在数百微米，重量轻，因此可以通过制作具有不同形状和尺寸的光纤传感器以满足特殊探测环境的需求，如石油井下和航天航空等领域。由于较低的传输损耗，使得光纤传感器可以进行长距离（数百公里）分布式的特征量探测。同一光纤传感器对多个特征量敏感，可以通过传感器的优化设计和后期解调处理实现多参量同时测量，以便于多传感器组网。④成本低，由于普通石英光纤的制作已经商业化，且光纤材料价格本身较低，这大大降低了光纤传感器的原料成本。目前，光纤传感器已应用在石油化工、电力、生物医学、土木工程、海洋安全等多个领域并发挥了极大的作用[27-31]，这进一步推动了传感技术的发展。

1.2.3　光纤传感器的分类

基于光纤传感技术原理而设计的智能化检测器件称为光纤传感器。随着日趋增加的应用需求以及日渐成熟的光纤传感技术，结合不同的光纤传感结构与新型传感材料，多式多样的光纤传感器相继问世并进入实际应用阶段[35-40]。

（1）根据光纤在传感器中所扮演的角色不同分类

光纤传感器可分成传光型（非功能性）的传感器和传感型的传感器（功能性）。传光型光纤传感器是利用其他对光敏感元器件来获得外界参量的变化，而光纤仅作为光的传输介质。此类传感器可以充分与当下的光学传感器结合，并在较为复杂的环境中应用推广。而传感型光纤传感器中光纤既作为传输媒介也是传感元件。一般而言，报道中所提及的光纤传感器属于传感型的传感器范畴，简单来说，它的基本工作原理是一个参量被调制后并解调得到待测量信息的物理过程，跟人体的感官类似（感触不同的外界探测信息，然后将接收到的信息整理并向大脑反馈）。当光纤的敏感元器件处于外界环境中时，其中的一个或多个物理参量（如温度、压力、扭转、角度、磁场、湿度等）发生变化，导致光纤传输光波的一个或多个特征参量（强度、波长、相位、偏振态等）也发生相应的变化，通过对变化后的光波信息进行解调，可以得到相应于外界物理参量的变化量。此类传感型传感器传与感合一，结构紧凑。这种传感技术被应用于传感器中，可以制作出在不同领域实现检测不同物理参量的光纤传感器件[41-47]。

（2）根据对待测量调制形式的不同分类

光纤传感器可分为强度调制型、偏振态调制型、波长调制型和相位调制型传感器。强度调制型光纤传感器是指通过利用和探测外界环境变化引起光纤中光强的变化参量来获取待测量变化的光纤传感器。在光纤中可以通过改变其微弯程度、耦合条件和折射率的分布等实现对传输光的光强改变。偏振态调制型光纤传感器主要是基于光的各种效应（如 Pockels 效应、Kerr 效应、Faraday 效应和弹光效应等最为典型的偏振态调制效应）来获得各种参量变化的一种光纤传感器。通过解调光纤中受到外界电磁场影响时的传输光波偏振态来获取电磁场的各参量及其变化值。波长调制型光纤传感器指的是通过测量光纤中传输光的波长随外界环境的变化量从而获取待测量及其相应变化的一种光纤传感器。目前，波长调制传感器中研究最广泛、应用最普及的是 FBG 传感器。相位调制型光纤传感器也是通过测量由外界环境所引起的光纤内部变化，但仅是通过对光波的相位变化来获得待测参量及其变化的一种传感器。它具有传输灵敏度高、动态测量范围大和响应速度快等优点。就目前而言，相位调制型传感器最主要的应用领域有：利用光弹效应的测声信号、压力信号或振动信号的传感器[48,49]；利用磁致伸缩效应的测电流、磁场信号的传感器[50-52]；利用电致伸缩的测电场、电压的一类传感器[53-55]；利用 Sagnac 效应的测旋转角速度的传感器(光纤陀螺)等[56-58]。

（3）根据待测目标的分布情况分类

光纤传感器可分为三种：点式、准分布式和分布式传感器。点式光纤传感器指的是在传感器的尺寸远远小于传输光纤长度的情况下，且每一根

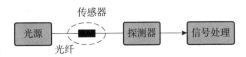

图 1.8 点式光纤传感器原理示意图

光纤只连接单个传感设备传输的传感器，它的优点是单点测量精确度高，如图 1.8 所示。通常情况下，高性能的传感器都是点式光纤传感器。准分布式光纤传感器是指在一根光纤上连接了多个点式传感装置的传感器，如图 1.9 所示，它能够实现对目标区域多个位置处的待测物理量进行传感。典型的准分布式光纤传感器有两种，分别为串联式 FBG 传感器阵列和光纤水听器阵列[59,60]。受限于对光纤的解调方式，目前使用的准分布式光纤传感系统所能够串联的点式传感器的数量一般而言不会超过几十个。利用光波在光纤中传输的特性，沿着光纤的轴向连续地进行传感并测量相对应物理信息(如温度、应变等)的传感器件称为分布式光纤传感器，如图 1.10 所示。在该传感器结构中，整根光纤既能感测外界变化又能传输信号，其传感光纤长度可长达成百上千米。

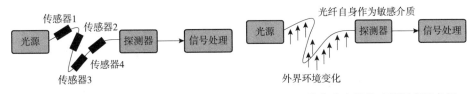

图 1.9 准分布式光纤传感器原理示意图　　　图 1.10 分布式光纤传感器原理示意图

1.3 光纤超声波传感器概述

在 20 世纪 f~80 年代，随着各项科学技术的高速发展，数字化、自动化和智

能化的超声波检测和成像技术成为了研究热点。超声波传感器指的是能够把超声波信号转换成其他能量信号(通常是电信号)的传感器。超声波指的是具有高于20kHz振动频率的机械波,它具有频率高、方向性好、穿透能力强(超声波对液体、固体的穿透本领很大,尤其在阳光不透明的固体中)、易于获得集中的声能等优点。基于这些优点,超声波传感器已广泛地应用到多个领域,如工业、国

防、生物医学等。目前超声波探测的核心器件仍为 PZT(图 1.11)。PZT 由压电晶片组成,它可以实现超声波的发射和接收。在 PZT 的制作过程中,晶片的材料、大小、直径和厚度决定了探头的性能。所以在实际的具体应用中,应该选择符合探测要求的材料和参数制成相应的晶片。

图 1.11　不同尺寸的 PZT[61]

使用 PZT 探测超声波时有很多不足之处[61-65]:①响应极窄;②接收端面的几何结构决定其方向性;③仅适用于目标结构的单点探测,复用性较差,不易实现多点同时检测;④容易受到环境电磁的干扰,接收信号不稳定,不利于实现远距离检测。因此,应尝试使用其他类型的探测方式来替代 PZT 技术,来解决 PZT 技术在超声波探测过程中存在的问题。但由于结果并不理想,因此目前的超声波探测仍主要以 PZT 技术为主。

近年来,随着光纤超声波传感相关物理机理和科学技术问题的突破,日新月异的激光微加工技术和各种新型智能材料的出现,使得光纤超声波传感器的优化设计和性能的改进具有了一定的创新和发展的空间,也拓展了光纤超声波传感器的应用领域,如图 1.12 所示的生物成像和地震物理模型成像等[66-74]。

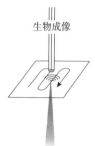
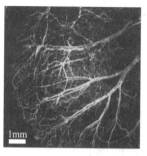

图 1.12　光纤超声波传感器的应用领域

为了实现小空间范围内生物组织的全光纤超声波成像，通过利用部分材料的热致声发射特性，可制作出光纤超声波发射装置[75]。通常，此类超声波源能够发射频率在 MHz 级超声波源(超声波源的频率取决于材料)，这可以大大满足生物成像对高频超声波的需求。比如，2002 年，Fomitcho 等[76]设计并制作了多种光纤发射源。它们都是通过在光纤端面制作微型密封室来实现的，其端面均为镀有石墨烯薄层的玻璃窗口，光源激光脉冲能量耦合进入光纤，传输至光纤端面时，传输光以轻微的损耗通过玻璃窗口传输至石墨烯薄层，石墨烯因快速的热膨胀而产生超声波。它将密封室的玻璃窗口设计成不同的形式，以得到具有多种发射模式的光纤超声波发射源，如角度发射、聚焦发射等。此类型的超声波发射器具有宽的超声波频带，且发射方向易控制，稳定性好，不受温度等因素的扰动影响。2013 年，Tian 等[77]提出了基于 TFBG 的低阶包层模分布式高效光纤超声波产生方法。特定波长的激光通过 TFBG 的低阶包层模从光纤中耦合出，并将光纤包层用石墨/环氧树脂吸收材料来替代。由于此材料具有较大的热膨胀系数，将低阶包层模能量转化为声波形式，所以它可以高效地产生超声波。此外 TFBG 的低阶包层模表现出特定波长的窄带宽，因此多个 TFBG 可以级联，构成多点超声波发射装置。上述光纤超声波源可以极大地缩小传统压电型超声波换能器的体积，便于嵌入微小空间内(如生物组织内)。

为了进一步获得高灵敏度宽带的光纤超声波探测器，James A. Guggenheim 等人于 2017 年在 Nature Photonics 发表论文并提出了一种新型的基于平凹聚合物微型谐振环的光纤超声波传感器[78]，并将其应用于高分辨率光声和超声波成像。该传感器具有高 Q 值、高灵敏度，及较好的带宽响应和方向性等优点。同年暨南大学的光子技术研究所关柏鸥小组报道了将光纤激光器用于光声成像的工作。其原理是声波使光纤激光腔产生形变进而引起外差频率变化获得声波信号。通过将该传感器插入鸡乳腺组织做成了人体毛发模型并对其进行了成像检测实验。次年，该小组报道了光纤气泡结构的宽频带声光传感器，其频带可达 60kHz[79]。2018 年华中科技大学光学与电子信息学院的鲁平小组报道了基于石墨烯薄膜的本征型 FP 干涉的宽带光纤声传感器，实验测得以水为耦合剂时的最小响应声压为 $33.97\mu Pa/Hz^{1/2}@10kHz$[80]。

表 1.1 归纳总结了 PZT 和光纤超声波传感器的性能。与 PZT 相比较，光纤超声波传感器展示出了它特有的优点。因为这种独特的优势，2015 年清华大学精密仪器系的杨昌喜首次提出将光纤超声波传感器替代 PZT 用于地震物理模型成像[81,82]。文中报道了基于 PS-FBG 的超声波传感器扫描成像的相关研究，其探

测模型由具有四层界面的有机玻璃和椭圆柱有机模型构成[83-85]。该光纤超声波传感器表现出高灵敏度及高成像分辨率，在200kHz的超声波探测频率下，传感器的SNR达到了45dB。

表1.1　PZT与光纤超声波传感器的性能对比[61-74]

PZT	光纤传感器
响应频段窄	响应频带宽
灵敏度低	灵敏度高
体积大、横向分辨率低	体积小、重量轻、可绕曲
易受电磁干扰；不耐高温	横向分辨率高
传输信号时稳定性差	不受电磁干扰；耐高温
复用性差	在光纤内稳定传输
无方向识别性	可实现多通道同时检测
	具有方向识别性

　　目前，对于光纤超声波传感器而言，提高传感器的灵敏度（高信噪比输出）、扩大传感器的频率响应范围（单个传感器对宽频带超声波的有效探测）、使传感器结构微型化并提升传感器的可靠性始终是光纤传感器的主要研究方向。解调单元通常配合使用光电转换、探测信号放大和各种滤波技术来改善探测信号的信噪比。

第2章　光纤超声波传感器工作原理

　　光纤超声波传感器通过检测光纤内传输光的强度、波长、相位、偏振态等参数感知超声波的相关信息。由于光纤传感技术相比于传统检测方式具有突出优势，光纤超声波传感器充分发挥了光纤传感器的优势，特别是在宽频带响应及信号长距离传输保真等方面，因此光纤超声波传感器的研究意义深远且具有极大的发展潜力。随着光纤结构及种类的多样化，以及光纤传感器研制新方法、新工艺的不断引入，国内外已报道大量的光纤超声波传感器及相关丰富应用。在已出现的多种光纤超声波传感器中，强度调制型超声波传感器、波长调制型光纤光栅超声波传感器和干涉型光纤超声波传感器利用其自身优势（如结构简单、响应灵敏度高、易复用等）并结合激光微加工技术与新型传感材料，可实现高质量的超声波探测。本章将分别介绍这几种光纤超声波传感器的工作原理及相关研究进展。

2.1　强度调制型光纤超声波传感器

　　1977 年，Nelson 等人首次报道了光纤传感器用于探测动态应变[86]。该结构是通过将光纤弯曲放置于 U 形装置内，并将一端固定制成。通过弯曲中间点附近粘贴于薄膜上可将环境声波震动传递至光纤，引起光纤弯曲形变的改变，从而调制光纤中的光强度。通过解调单元获得强度变化的幅频特性实现频率为 1163Hz 的声波探测（结构如图 2.1 所示）。该传感器感知声波的灵敏度和频率决定于光纤的初始弯曲和薄膜的特性。该传感器的性能通过后期改进可以得到进一步提升。但仍存在低灵敏度和初始弯曲损耗的不足。1979 年，S. K. Sheem 和 J. H. Cole 提出了一种利用腐蚀处理的双光纤缠绕制作出耦合器的改进方案如图 2.2 所示。由于光纤腐蚀至纤芯，两个光纤中传输光场出现强共振耦合区，两束光的相互耦合率决定于光纤重叠区的环境折射率和光纤间隔。利用此特性，可灵敏地探测声波引起的环境折射率及光纤间隔变化，进而通过解调光强耦合率探测声波信号。实验结果表明，该传感器可感测 2kHz 的声波信号。此后也有相关报道进一步验证了该传感机理的可行性[87-89]，即利用多模光纤替代单模光纤，增强光场共振重叠，提高声波感测灵敏度。此外，光纤拉锥的方法也能有助于光纤纤芯中传输光耦合出包层[90,91]。由于光纤锥区保持原有的波导结构，因此可有效地降低损耗。两个光纤贴附后同时拉锥，光纤中的光将相互耦合，形成光耦合器。光耦合率可通过控制拉锥条件来调节。同时光纤锥区对环境振动和折射率极为灵敏。此光纤器件也可用于声波/超声波(10kHz~1MHz)探测，相关研究已在文献[92]中报道。

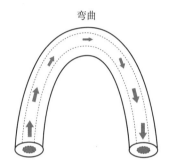

图 2.1　光纤弯曲损耗型超声传感结构

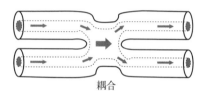

图 2.2　光纤耦合损耗型超声传感结构

上述方法主要通过光耦合率感测声波/超声波的幅频特性，尽管能够实现声波的灵敏探测，但需要考虑光纤缠绕工艺、腐蚀程度、锥区几何结构等因素，制作相对复杂。光反射损耗型光纤传感器件可以将光纤耦合器有效简化使得结构更为紧凑。此类方法可分为两种方式，如图 2.3~图 2.5 所示的传输型[93-96]和反射型[97,98]。传输型光纤声波传感器是将两根光纤端面正对或打磨成一定角度的斜面后相对，来形成一个光耦合区。光的耦合取决于两个斜面之间的间隔和位置，因此当一个端面固定而另一端面感知声波产生机械运动时，能通过光反射损耗导致的强度变化感测声波。反射型光纤声波传感器则是通过将光入射至待测物表面后收集反射后的光纤信号强度。此类传感器较高的依赖于物体表面的反射率及物体表面受声波调制程度。从结构上来看，反射型更为紧凑，可作为声波探针使用。但光损耗过大会影响信号的信噪比。在传输损耗型光纤结构基础上，

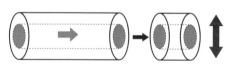

图 2.3　光纤传输反射损耗型超声传感器结构

W. B. Spillman 等人将光栅插入两根光纤端面之间，将其作为整体固定于薄膜(机械响应声波的变化)上。随着薄膜移动，不同位置处光栅表现出不

同的衍射效率，进而可改变光的传输。在此方案中，光纤作为传输光的介质被固定，可有效提高整体结构的稳定性。

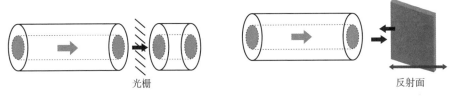

图2.4 光纤光栅传输损耗型超声传感器结构　　图2.5 光纤反射损耗型超声传感器

　　除此之外，光强度的调制也可通过改变光的偏振态来实现。基于此机理，人们利用声波/超声波的机械波特性(能够引起传输介质形变)，将超声波加载到具有双折射特性的传光结构上，引起双折射改变[99-101]。当偏振光通过时，由于材料的弹光效应，光强度被有效地调制。探测单元分别探测由偏振滤波器滤出的两种偏振光强度。由两种偏振态的正交性可知其光强调制方向相反。通过将两种光强变化叠加，可以提高声波探测的灵敏度和信噪比。尽管此种方式实现了频率(100Hz~2kHz)的声波探测，但是该方案中光调制仅取决于选取材料的弹光效应，因此可通过优化材料的选取来进一步提高传感器的灵敏度和频率测量范围，可助于解决高频声波探测灵敏低的难题。

　　上述方案主要是利用偏振模式间的转化实现强度调制。此外，光纤中模式耦合和干涉也能作为一种方式来调制光强度，该方法可用于声波测量。例如，光通过多模光纤时光纤内部能产生多种模式激发。多种模式之间会产生相互耦合和干涉，即模态干涉。通过利用在输出端会出现干涉的散斑图可证实干涉的产生[102]。光纤受到环境振动或声波影响时，参与干涉的多阶模式相位和强度发生扰动，最终影响干涉效果。对于解调单元来说，可以通过两种方式实现强度解调：①解调干涉相位的变化感测声波的幅频特性，此技术方案将在下文中详细阐述；②输出光的总强度始终保持不变，无法通过探测总强度变化得到声波信息。因此可将某一模式滤出，利用其余光强度随声波调制变化的特性来感测声波。此种方案中，光纤模式对于光纤微应变极为灵敏，因此在探测声波时具有较高的灵敏度。

　　上述基于光纤强度损耗型声波/超声波传感器主要是此领域前期的一些研究成果。虽然在探测声波方面表现出了优势，即较高的灵敏度和宽频带响应，但方案自身仍存在不足，限制了其后期发展：①光强探测的信噪比容易受到光源波动、传感系统稳定性的影响，导致声波感测稳定性较差；②传感系统自身光强损耗较大，很大程度上依赖于光纤间的光耦合、待测物光传输和光反射及传感结构的稳定性等，从而导致系统最终感测声波的信噪比较小；③此类方案仅适应于单点声波感测，传感单元复用较困难，无法实现多点同时声波/超声波探测。为了满足声波高灵敏、超宽频段的感测，在光纤传感技术发展的基础上，出现了两种不同类型的光纤声波传感器技术。

2.2　干涉型光纤超声波传感器

光学干涉测量是指测量叠加的两束或两束以上具有相同频率光束间的相位差。通常，干涉仪中的入射光束被分成两个或多个部分后重新组合在一起而形成的干涉图样。干涉型(相位调制型)光纤传感器是通过利用由外界环境变化所引起光纤中光波相位的变化来获得被探测对象相关信息的传感器，如温度、压力等。此类传感器主要具有以下特点[103,104]。

(1)灵敏度高

光学干涉型传感器是目前最灵敏的传感器件之一。在光源波长范围内光程差的微小变化就能引起干涉光强度的明显且可测的变化。因此，通过测量干涉光强的变化，可以得到光学测量系统中光程差的信息。基于这一机理，光学干涉仪作为一种仪器已被广泛用于精确测量许多物理量，如距离、位移、速度，以及光学系统等的测试。

(2)结构灵巧多样

构成此类传感器的传感部分"光纤"，直径仅在数百微米，因此其传感部分的几何形状可以依据具体的探测要求而设计制作成不同的形式。

(3)探测参量广泛

任何对干涉型传感器光程有影响的外界参量，都可以利用此类传感器检测。目前各种不同类型的干涉型传感器已被广泛用于压力(水声)、温度、加速度、磁场、电流、折射率等多种物理、生物、化学的探测中。并且，有一些结构还可以同时测量多种参量。

光纤包层和涂覆层的材料对干涉型传感器的灵敏度具有极大的影响。因此，为了满足不同参量测量的要求，对普通的 SMF 进行特殊的处理，从而使干涉型传感器对被测参量"增敏"而对非被测参量"去敏"。应变和温度是相位调制型光纤传感器的基本物理参量，其他参量的测量都可以转换为应变或温度进行间接测量。外界参量如温度、压力等可以直接引起干涉型传感器中探测臂光纤长度(由于弹性形变)和折射率的变化(由于弹光效应)，从而导致光纤中传输光的相位发生变化。相位调制型光纤传感器(如 FP 光纤传感器、Michelson 光纤传感器、MZ 光纤传感器、Sagnac 光纤传感器等)已经被广泛应用于水声探测、电力系统电压电流测量、体内生物医学压力监测等多个领域中。

2.2.1　多模干涉型光纤传感器

多模干涉型光纤传感器是一种利用了光纤中的多模干涉效应的传感器。当光纤中的纤芯直径失配时便会在光纤内部激发产生多个传导模式，这些传导模式之间互相干涉就是光的多模干涉效应[105,106]。SMF – MMF – SMF 的级联结构就是一种典型的多模干涉结构，它的原理是利用 SMF 和 MMF 直径的差异，当 SMF 耦合至 MMF 时便会激发产生多阶包层模式，这些模式之间互相发生干涉，再经 SMF 传输至探测器就得到了其中的待测量。这种光纤传感结构简单易用，并且已经被广泛地研究，一般应用于对温度、折射率、弯曲和位移等参量的测量[107,108]。

2.2.2　光纤 FP 干涉仪型传感器

FP 干涉仪型传感器是最简单的光纤干涉仪结构。该结构是由两个反射率分别为 $R_1(\omega)$、$R_2(\omega)$ 平行放置(间隔为 L)的反射镜等装置构成，这些反射装置可以是反射镜、两种介质的界面或 FBG(既可以是光纤也可以是其他任何媒介)。它们的反射系数(R_{FP})和透射系数(T_{FP})与反射镜的反射率关系分别可以表示为[96]：

$$R_{FP} = \frac{R_1 + R_2 + 2\cos\phi \sqrt{R_1 R_2}}{1 + R_1 R_2 + 2\cos\phi \sqrt{R_1 R_2}} \tag{2.1}$$

$$T_{FP} = \frac{T_1 T_2}{1 + R_1 R_2 + 2\cos\phi \sqrt{R_1 R_2}} \tag{2.2}$$

式中，$\phi = 4\pi nL/\lambda$ 是在干涉仪中往返传播一次的相移，n 为两个反射镜之间介质的折射率，λ 为自由空间的光学波长。FP 的透射系数达到最大时，共振频率所对应的往返传播相位为 $\phi_m = (2m+1)\pi$，其中 m 为整数。相位差定义为 $\Delta = \phi - \phi_m$。对于高反射率的反射镜而言，共振频率附近的传输系数为：

$$T_{FP} = \frac{T^2}{(1-R)^2 + R\Delta^2} \tag{2.3}$$

式中，$R = R_1 = R_2$；$T = 1 - R$；$\sigma = \pm(1 - R)/\sqrt{R}$，是相位所对应的带宽。
传感器的精细度为：

$$F = \frac{\pi \sqrt{R}}{1 - R} \qquad (2.4)$$

在干涉仪中，无损耗的反射镜反射率为 $R = R_1 = R_2 = 0.99$，此时精细度计算可得 $F = 312.6$。对于反射镜的反射率 $R = R_1 = R_2 \ll 1$，FP 的反射率和透射率分别为[109]：

$$R_{FP} \cong 2R(1 + \cos\phi) \qquad (2.5)$$

$$T_{FP} \cong 1 - 2R(1 + \cos\phi) \qquad (2.6)$$

当 $R = 0.172$，精细度为 1；当 $R < 0.172$，不存在精细度的概念。根据能量守恒定律，FP 的反射系数和透射系数遵循公式 $R + T = 1$。该方程使得利用 FP 透射系数或反射系数测量 FP 干涉仪的谐振频率成为可能。

FP 干涉仪分为 IFPI 和 EFPI。利用 SMF 将光学反射镜分离的结构称为 IFPI 型传感器，其三种不同的结构如图 2.6(a) ~ (c) 所示。第一种 IFPI 型传感器的结构是通过打磨光纤端面并在光纤端面涂敷合适的介电层所制成。第二种 IFPI 型传感器是通过拼接端面平整光纤与涂敷特殊介电层的端面平整光纤而实现将反射界面内置于光纤内部。第三种 IFPI 型传感器的反射界面同样是内置于光纤内部，与第二种结构不同的是该结构的反射截面由 FBG 充当。在实际的应用中，应根据不同的需求来选择合适的结构。EFPI 型传感器的反射面是通过空气间隙或除光纤以外的材料隔开的，主要包括如图 2.6(d) ~ (g) 四种不同的结构。图 2.6(d) 所示是由两端分别为光纤端面和隔膜反射镜的空气间隙所构成。该结构的腔长一般为几微米。为了增加该结构的品质因数，将透明的固体薄膜材料覆盖于光纤的尾端如图 2.6(e) 所示。第三种结构是通过将两个端面平整的 SMF 分别平行固定于一个空心管中制成。在线型的光纤校准器结构如图 2.6(g) 所示。该结构是将一段 HCF 拼接于两端 SMF 之间。EFPI 型传感器的衍射损耗将其腔长限制在数百微米范围内。当超声信号作用于传感器时，FP 腔的几何长度和折射率都将受到影响，从而对输出光的相位产生调制。通过将输出光利用探测器转换成电信号，输入示波器或计算机对谱线进行分析，研究输出光的相位变化和外界超声信号间的关系，进而实现基于 FP 干涉的光纤传感器对超声波信号的检测。由于 FP 干涉型光纤传感器具有结构简单、小巧外形、低成本、高测量精度、宽测量范围等诸多优点，目前已广泛地用于对压力、温度、电流、电压、液位、超声波、位移等参量的测量[110-123]。

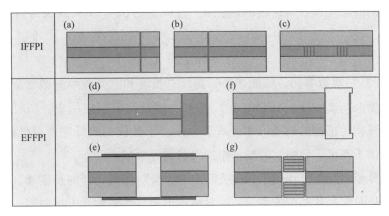

图 2.6 光纤 FP 干涉仪结构

基于 FPI 不同的分类,传感结构有多种制作方式,本质上是构建两个光反射面(如光纤端面、薄膜、涂层等)。传感器的超声波灵敏度和检测带宽取决于传感结构和制作材料。Jorge J. Alcoz 等人使用 TiO_2 构建光反射面,在 SMF 中形成 FPI,实现了 0.1~5MHz 超声波检测[124]。超声波实为应变波,作用于光纤时沿光纤轴向拉伸或压缩光纤,使之发生形变。若选用杨氏模量更小的材料替代光纤,所构建的 FPI 超声波灵敏度更高。2009 年,有研究表明基于有机材料(聚对二甲苯 – C)的 FPI 干涉结构能够检测到水环境中 10~40kHz 超声波[125]。包括金膜、银膜、石墨烯等多种薄膜材料,可用于更高灵敏度的光纤 FPI 超声波传感器制作[126-128],且结构相对简单。这些薄膜材料厚度可薄至纳米级别,极易受超声波声压作用而发生形变,可大幅提高 FPI 检测超声波灵敏度。

2.2.3 光纤 Sagnac 干涉仪型传感器

图 2.7 是 Sagnac 干涉仪的原理图。具有相同相位的激光通过一个 3dB 光纤耦合器被分成两束,这两束光分别沿着此 SMF 环以相反方向传输最后被同一探测器接收。当该光纤 Sagnac 干涉仪不旋转时,正向和反向模式具有同相位;当旋转该结构时,由于旋转速度的影响会导致其中一个模式的光程小于另一个模式的光程。假设旋转轴是与光纤分路器的线圈轴一致。则正向和反向模式之间的相位差 $\Delta\phi$ 可以

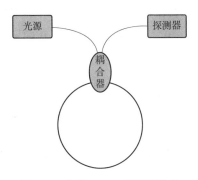

图 2.7 光纤 Sagnac 干涉环结构

用自由空间的激光波长 λ、线圈面积 A、线圈旋转次数 N 和线圈的角频率 Ω 表示出：

$$\Delta\phi = 8\pi NA\Omega/\lambda_c \tag{2.7}$$

由式(2.7)可以看出，线圈半径、光纤总长度和激光频率的增加都会导致该结构灵敏度 $[S = \Delta\phi/\Omega = 8\pi NA/(\lambda_c)]$ 增加。然而在实际应用中，同时需要考虑光纤的衰减和传感器的封装尺寸。基于 Sagnac 干涉仪的光纤陀螺仪已投入市场，被广泛应用于飞机、导弹、舰船、空间飞行器等领域[129-131]。

当外界超声波信号作用于保偏光纤上时，会对保偏光纤的长度和其双折射产生调制，从而引起其相位的改变。通过将输出光信号输入光电探测器，转换为电信号后，再利用示波器或计算机对该信号进行分析，研究输出光的相位变化与外界超声波信号间的关系，进而实现基于 Sagnac 干涉的光纤传感器对超声波信号的检测。E. Udd 提出了多种 Sagnac 传感结构用于超声波的检测。研究表明：Sagnac 尾纤环的尺寸决定了所能检测的超声波频率，1cm 直径的尾纤环结构可检测到 200kHz 以下的超声波。Sagnac 超声波检测系统的稳定性与传输光的偏振态有关，可通过在系统中集成偏振器件来有效增强其稳定性，但也大大增加了复杂度。

2.2.4　光纤 Michelson 干涉仪型传感器

如图 2.8 所示，传统的 MI 制作方法和工作原理与 MZI 很相似。最主要的区别就是干涉臂末端的反射镜，使得光纤 MI 成为一个折叠型的 MZ 光纤干涉仪。在传统的 MI 中，一束高相干的光通过 2×2 的耦合器被分到该结构的参考臂和传感臂中。这两束光沿参考臂和传感臂传播并分别在两臂端面 M1、M2 处被反射后通过光纤耦合器将两束光汇聚为一束，最后可在探测器上观察到干涉图样。另外，也可以同时使用图 2.9 中紧凑型的结构实现 MI。在此结构中，纤芯中的传输光通过光纤-包层模式的分路器时，一部分光被耦合到包层，纤芯和包层的光传输至光纤尾端时都被光纤端面反射。在线式的 MI 结构中，LPG 可以用于光纤-包层模式的分路器[132,133]。在实际应用中，为了避免环境对 LPG 的影响，采用具有金属涂层的 LPG[134]。同时为了减小测量中温度的影响，也可以使用熔融的石英 PCF[135]。通过将不同的传感结构与特定的敏感材料相结合可以实现对特定物理量的探测。比如：传感结构与水声敏感材料结合可以制成光纤水听器；传感结构与弹性体敏感元件结合可以制成光纤压力传感器；传感结构与加速度敏感元件结合可以制成光纤加速度计；传感结构与压电材料敏感介质结合可以制成光纤电压传感器；传感结构与磁敏材料（磁光效应和磁致伸缩效应）的结合可以制成光纤磁场传感器等。其中，两种最典型的光纤 MI 传感器分别是光纤水听器和光纤加速度计[136,137]。

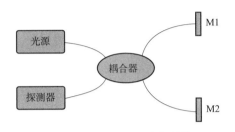

图 2.8　Michelson 干涉仪结构

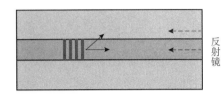

图 2.9　光纤 Michelson 干涉仪结构

当外界超声信号加载在光纤传感臂上时，因为几何效应和弹光效应的存在，会对传输常数 β 和几何长度差 L 同时产生影响，即：

$$\Delta \phi = \beta \Delta L + L \Delta \beta \tag{2.8}$$

对于 L 来说，当施加超声波时，根据几何效应，其变化可以表示为：

$$\Delta L = \varepsilon L \tag{2.9}$$

弹光效应是指当超声波作用于材料本身时，由于声压对材料产生的应力作用而导致其折射率的变化，根据弹光效应，折射率相关的特征量 $\left(\dfrac{1}{n^2}\right)$ 与应力的关系可以表述为[138]：

$$\Delta \left(\frac{1}{n^2}\right) = \sum_{j=1}^{6} p_{ij} S_j \tag{2.10}$$

式中，p_{ij} 是弹光系数，考虑到光纤是各向同性且均匀的，因此，应变光学张量可以写为：

$$p_{ij} = \begin{bmatrix} p_{11} & p_{12} & p_{12} & 0 & 0 & 0 \\ p_{12} & p_{11} & p_{12} & 0 & 0 & 0 \\ p_{12} & p_{12} & p_{11} & 0 & 0 & 0 \\ 0 & 0 & 0 & p_{44} & 0 & 0 \\ 0 & 0 & 0 & 0 & p_{44} & 0 \\ 0 & 0 & 0 & 0 & 0 & p_{44} \end{bmatrix} \tag{2.11}$$

加载上纵向应力 ε 后，应力矢量 S_j 可以写为：

$$S_j = \begin{bmatrix} \varepsilon \\ -\nu\varepsilon \\ -\nu\varepsilon \\ 0 \\ 0 \\ 0 \end{bmatrix} \tag{2.12}$$

在这里，横向的两个应力（光线的横截面方向）与纵向应力间存在泊松比 ν 的关系，假设切向应变可以忽略不计，将式（2.11）、式（2.12）代入式（2.10）中，可以得到：

$$\Delta\left(\frac{1}{n^2}\right)_{2,3} = \varepsilon(1-\nu)p_{12} - \nu\varepsilon p_{11} \tag{2.13}$$

这个变量可以与折射率的变化联系 Δn 起来：

$$\Delta\left(\frac{1}{n^2}\right)_{2,3} = -2\frac{\Delta n}{n^3} \tag{2.14}$$

由于纵向应力导致的折射率变化可以表述为：

$$\begin{aligned} \Delta n &= -\frac{1}{2}n^3\Delta\left(\frac{1}{n^2}\right)_{2,3} \\ &= -\frac{1}{2}n^3\left[\varepsilon(1-\nu)p_{12} - \nu\varepsilon p_{11}\right] \end{aligned} \tag{2.15}$$

传输常数的改变 $\Delta\beta$ 主要由折射率的改变 Δn 和光纤直径的改变 ΔD 来决定：

$$\Delta\beta = \frac{\partial\beta}{\partial n}\Delta n + \frac{\partial\beta}{\partial D}\Delta D \tag{2.16}$$

因为纵向应力的施加而导致折射率的变化关系如公式（2.16）所示。在公式 $\beta = n_{\text{eff}}k_0$ 中，对 β 求 n 的导数：

$$\frac{\partial\beta}{\partial n} = k_0 = \frac{\beta}{n} \tag{2.17}$$

一般来说，$\dfrac{\mathrm{d}\beta}{\mathrm{d}D}$ 可以忽略不计。因此，传输常数和光纤直径的改变量的这项可以忽略。将上述结果代入公式（2.8）中：

$$\Delta\phi = \varepsilon\beta L - \frac{1}{2}\varepsilon\beta L n^2\left[(1-\nu)p_{12} - \nu p_{11}\right] \tag{2.18}$$

即可以得到因为超声波的作用而导致的相位差的改变。将输出的光信号通过探测器转换为电信号，利用示波器或计算机记录下来，从而可以通过相位的变化来对超声波信号进行检测，实现基于迈克尔逊干涉的光纤传感器对超声波信号的检测。

1990 年，K. Liu 等人使用 MI 传感结构检测到复合材料中 0.1MHz ~ 1MHz 超声波[139]。T. Gang 等人将 MI 结构固定于斜口管上，有效减小了 MI 尺寸，结构稳定性也得以提高。另外，通过光纤端面涂覆的方式增强了干涉条纹的可见度，整个传感结构的机械强度和响应灵敏度均有所提升[140]。将此 MI 结构用于地震物理模型成像，能够检测到 100kHz ~ 300kHz 高信噪比超声波信息。如上所述，光纤 MI 与 MZI 结构的主要区别在于光传输路径的差异，H. Wen 等人综合比较了多种光纤 MI 与 MZI 传感结构在超声波感测性能方面的异同[141]。研究证明，对 MI 干涉结构进行优化设计，可用于生物医学中高频超声波成像。

2.2.5　光纤 MZ 干涉仪型传感器

常用的双光束干涉仪是光纤 MZI。如图 2.10 所示，该结构由两个臂构成：一个为传感臂 I_s，另一个为参考臂 I_r。光源发出的相干光经过耦合器分成两束，分别耦合到光纤 MZI

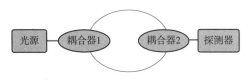

图 2.10　光纤 MZ 干涉仪结构

的参考臂和传感臂。一般来说，传感臂暴露在外部环境中，受到外界干扰，而参考臂则保持在相对恒定的环境中。当光束通过传感臂时，传感光束的相位会随着外部待测参量(如温度、压力、折射率等)的变化而改变，当两束光产生相位差后通过另一个耦合器重新汇聚为一束光，通过分析干涉信号的变化可以很容易地检测待测量。

从外在形式上，将 MI 可以被看成为一个"折叠型"MZI，MI 仅仅需要一个耦合器，而 MZI 则需要两个耦合器；MI 是开环结构而 MZI 是闭环结构。在光纤长度一样的前提下，MI 的反射光的光程是 MZI 传输光所经过光程的 2 倍，而 MI 的探测灵敏度也是 MZI 的 2 倍。因此，在设计时候考虑到传感器的小型化、低成本、可灵活布设原则时，光纤 MI 比 MZI 更具有优势[142]。

当外界超声信号加载在光纤传感臂上时，因为几何效应和弹光效应的存在，会对传输常数 β 和几何长度差 L 同时产生影响。根据 2.2.4 节所介绍的分析方法，可以算出在超声波作用下的相位改变，如公式(2.18)所示，通过将输出光信号利用探测器转换为电信号，然后导入示波器或计算机进行数据记录，从而可以通过相位的变化来对超声波信号进行检测，实现基于 MZ 干涉的光纤传感器对超声波信号的检测。

基于干涉光纤臂的拍频信号变化，可检测到 40～400kHz 宽频超声波[143]。将干涉光纤臂设计成光纤圈结构，增加因超声波作用所导致的 MZI 干涉相位改变量，感测超声波时传感器灵敏度明显提升。J. Jarzynsk 等人基于光纤圈结构检测到了 100Hz～50kHz 超声波，同时，此工作也说明了不同超声波频率作用时传感器灵敏度也不同。除此之外，也有大量报道通过使用特异型光纤[144,145]、改变 MZI 结构与检测对象耦合方式[146]、设计不同的光纤结构[147,148]等方法改善 MZI 超声波传感器的声学性能。MZI 结构用于超声波检测时，存在如下几点不足：干涉光纤臂需要较好地固定，容易受环境低频干扰影响；MZI 响应频段受其结构尺寸限制，多用于检测低频超声波；复用系统较复杂，复用效率低。

基于干涉相位解调，此种超声波传感器在响应灵敏度上具有本质的优势。另一方面，环境温度变化、低频振动等因素也会对干涉型光纤超声波传感器产生较大的干扰，影响检测信噪比。因此，对传感器信号解调提出了更高的要求，在信号处理中需利用去噪、放大、滤波等技术提高信号质量。同时，干涉型光纤超声波传感器复用系统复杂，基于时分复用法，在系统内集成多个光耦合器、光纤干涉臂及超长延时光纤，容易降低系统稳定性，同时光损耗加大，信噪比降低。

2.3 光纤光栅型超声波传感器

2.3.1 光纤光栅型超声波传感器类型

光纤光栅超声传感器是感测声波引起的光纤光栅波长变化[149,150]，与其他类型的光纤传感器相比较，光纤光栅反射波长带宽窄，易于复用，可在一根光纤上级联多个光栅构成传感网络，实现多点准分布式超声波测量。

（1）光纤布拉格光栅

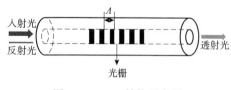

图 2.11 FBG 结构示意图

图 2.11 为 FBG 的结构图，它是通过改变光纤纤芯区域的折射率来产生小的周期性调制而形成的，其折射率变化通常在 $10^{-5}～10^{-3}$ 之间。将光纤置于周期性空间变化的紫外光源下可

在光纤纤芯处产生这种折射率变化。制作光纤光栅的主要技术之一是通过利用两个相干紫外光束形成的空间干涉条纹来照射光纤，以使光纤纤芯区域形成永久的周期性折射率调制。周期性的折射率扰动仅会影响光谱的一小段，因此当宽带光波在光栅中传输时，入射光将在相应的频率上被反射回来，剩余的透射光谱则不受影响(光纤光栅的光波选择作用)。

光纤光栅通常分为 FBG 和 LPG。其中，FBG 的折射率变化周期较短。它的传输原理是前向传输的纤芯模与后向传输的纤芯模发生耦合，从而使耦合光的波长发生发射。当光栅周围的温度、应变、应力或其他待测物理量发生变化时，光栅周期或纤芯折射率将改变，从而使光纤光栅的中心波长产生漂移。通过检测光栅波长的漂移情况，可解调出待测物理量的变化情况。

1978 年，加拿大通信研究中心的 Ken Hillet 等人发现了光纤的光敏性，并利用可见的氩离子激光照射一种掺锗的石英光纤，刻写出了第一根 FBG[151]。1996 年，D. J. Webb 等人首次报道了基于 FBG 的超声波传感器，并实现了频率为 950kHz 的超声波探测[152]。次年，该课题组进一步优化了解调技术，即非平衡干涉区分技术，实现了 10MHz 的超声探测，并且在实验室发现"FBG 的长度决定了超声探测的灵敏度"。在后续的报道中，人们进一步从理论和实验方面确定了 FBG 长度和超声波探测灵敏度之间的关系：当 $\dfrac{\lambda_s}{L} < 1$ 时，超声波作用于 FBG 的应力场呈正弦分布，对栅区的拉伸和压缩作用互相抵消，超声波的作用可以忽略；当 $\dfrac{\lambda_s}{L} = 1$ 时，超声波波长与 FBG 波长相同，导致 FBG 长度改变，引起 FBG 反射谱形状和波长均发生变化；当 $\dfrac{\lambda_s}{L} \gg 1$ 时，作用在 FBG 上的超声波为常量，则 FBG 反射谱波长发生漂移而形状保持不变。因此，在做超声波检测时，光栅长度选择要尽可能小于超声波波长[153]。

2000 年，Perez 等将光纤光栅粘贴在铝板表面，结合双光栅匹配滤波法，实现了铅笔折断于铝板表面时所激发的声波信号检测以及超声波换能器在铝板中所传输声波信号的检测[154-155]。2004 年，Tsuda 等利用 FBG 超声波传感器，分别采用可调谐激光光源和宽带光源，结合边沿滤波法，对比分析了无损和有损情况下碳纤维复合材料超声波信号特性。结果表明：相比于无损伤时的碳纤维复合材料超声波信号，有损伤时的特征信号发生形变、信号幅值下降、产生延迟现象，且和传统 PZT 的探测结果相比较而言，FBG 传感器具有更高的精度和信噪比[156]。

同年，Tsutsui 等利用 MMF 和光纤光栅传感器对复合面板的冲击载荷以及冲击损伤进行了检测[157]；Italia 等模拟仿真了 50kHz 频率下超声波纵波场对光栅的响应，验证了 FBG 长度必须小于超声波波长的二分之一这一条件，结论与 webb 等人的实验结果相符合[158]。Cusana 等利用 FBG 传感系统分别对静态应变以及动态应变进行了实验，结果表明：FBG 对频率为 50kHz 的超声波信号分辨率为 $4.0n\varepsilon/(Hz)^{1/2}$[159]。2009 年，Z. J. Wu 等利用 FBG 超声波传感系统实现了对复合材料板的无损检测，并将多个具有不同波长的 FBG 进行串联，验证了分布式传感系统和波分复用技术的可行性[160]。2013 年，R. E. Silva 等结合有限元法和传输矩阵法对 FBG 进行数学建模，研究了纵向超声波作用下 FBG 谱线变化。结果表明：FBG 直径越小，其旁瓣反射率越小，对应的应变越大[161]。随后，该课题组在 2014 年利用可调谐声波研究了 FBG 的带宽调制与反射率，实验结果表明：相比较于传统的单芯单模光纤，光子带隙光子晶体光纤所使用超声波功率更小[162]。2016 年，J. H. Wee 等研究了含 FBG 的铝板在兰姆波传播过程中的信号传输问题。研究表明：与直接将兰姆波传输到 FBG 处相比，将兰姆波耦合到远离 FBG 的导行波中可提高兰姆波检测的信噪比[163]。

光纤超声波传感器的解调系统大多基于波长匹配滤波或光谱边带滤波技术以实现从光信号到电信号的高效转换[164-167]。超声波信号解调中需要着重考虑环境因素的干扰(如低频振动与温度变化)，这往往会导致传感光谱发生漂移，从而降低传感器检测精度和信噪比。针对此难题，现阶段主要解决方式为 FBG 波长自动控制系统[168-170]。T. Liu 等人实现了使用两根不同长度且波长相匹配的 FBG 来检测高频超声波。基于双 FBG 对温度变化的一致响应原理，在高频超声波检测中该传感结构可避免环境温度的干扰[171]。然而，此方法要求双 FBG 波长相匹配，需要进一步优化 FBG 写制技术。

(2)相移光纤光栅

PS-FBG 是一种非均匀周期光栅，其折射率分布不连续。通过在均匀 FBG 的某些特定部位引入相位突变，以产生具有波长选择性的 FP 谐振腔。通过将谐振波长的光注入 FBG 的阻带，在阻带中打开一个或多个线宽极窄的透射窗口，使得光栅对这几个波长具有极高的选择性，而且窗口位置可以发生改变。因此，PS-FBG 可用于窄线宽带通滤波器，另外在窄线宽单频光纤激光器、边缘滤波器、掺铒光纤增益平坦和波分多路复用系统中有很大价值。当使用光谱边带滤波法进行超声波信号解调时，传感器灵敏度取决于传感光谱的边带斜率。因此，研究人员一直寻求带宽更窄的传感元件，以提升光纤传感器的超声波检测灵敏度。

利用 PS – FBG 透射峰的窄线宽特性可使 3dB 光谱带宽压窄至小于 8pm，因此 PS – FBG 可以替代 FBG 作为一种高灵敏超声波传感元件。国内外对相关研究也有许多报道。2011 年，A. Rosenthal 等人报道了基于 PS – FBG 的超声波传感器，通过将窄线宽激光波长固定在相移峰的光谱线性边带上，实现了频率为 10MHz 超声波的高灵敏测量[172]。2012 年，Qi Wu 等人将窄带激光锁定至相移峰线性边带，PS – FBG 传感器的反射和传输的光功率在 BPD 的两个端口输出，将超声波作用后的两个信号进行相减处理，并输入解调单元。此方案中，BPD 主要功能是抑制激光强度噪声，另外 BPD 消除直流分量并进一步放大检测信号中的交流分量。最终该系统的灵敏度可达到 $9n\varepsilon/(\text{Hz})^{1/2}$。类似于传统的波长匹配滤波方式，可将两个波长相近的 PS – FBG 级联[173]，一个作为参考光栅，另一个作为传感光栅，也可实现超声波的高灵敏测量。但是这对光纤光栅本身要求比较高，需要严格控制光纤光栅写制技术，获得相移峰可匹配的 PS – FBG 对。2014 年，J. J. Guo 等人开展了基于相移光栅的超声波传感器研究，并利用 2D 扫描装置移动传感探头，对多层有机玻璃板模型、弧形有机玻璃板模型进行了层析成像，与传统的 PZT 成像效果相比较，光纤超声波成像结果表现出更高的空间分辨率[174]。

除了上述无源光纤超声波传感技术，DFB 也可用于超声波检测[175]。DFB 技术通过在增益光纤上刻写 FBG，可输出具有极窄线宽的高功率激光，有效增强检测信噪比。2004 年，P. Wierzba 等人使用基于掺铒光纤的 DFB 结构，结合其他参考 FBG，可用于检测水环境中的超声波信息[176]。基于 DFB 原理，DBR 则是通过在增益光纤上刻写共振波长相匹配的双 FBG 来实现，通过解调超声波所引起的 DBR 拍频信号变化来获取波源信息[177]。B. O. Guan 课题组在 DBR 感测超声波方面有大量研究，体现了 DBR 用于超声波传感的独特优势[178]。

(3)倾斜光纤光栅

TFBG 也称作闪耀光纤布拉格光栅，是一种光栅平面与光纤轴向呈一定的夹角的新型无源光器件。TFBG 与 FBG 相同之处在于纤芯折射率调制是均匀的，不同之处在于 TFBG 的光栅平面跟轴向存在倾角而导致 TFBG 中会有多种模式耦合，主要包括纤芯导模间的耦合、纤芯导模与包层模式之间的耦合以及纤芯导模与辐射模之间的耦合。模式间的耦合效率和泄漏光的带宽由 TFBG 的倾角大小和折射率调制深度决定的。

TFBG 是通过在普通 SMF 纤芯里刻写周期性调制的倾斜的 FBG 形成。与普通 FBG 不同之处在于光栅倾角的引入，其 $y – z$ 折射率周期性调制函数为[179]：

$$\Delta n(y, z, \theta) = \Delta n \cdot \cos\left[\frac{2\pi}{\Lambda}(z \cdot \cos\theta) + y \cdot \sin\theta\right] \tag{2.19}$$

式中，Λ 是光纤光栅的周期，且 $\Lambda = \Lambda_g / \cos\theta$，$\Lambda_g$ 为光栅在没有倾角时的光栅周期；θ 为光栅与光纤轴向的夹角。

TFBG 内部刻写角度范围为 0～90°，可以为其中某个或者多个角度。当内部倾斜角度小于 45°时[研究比较多的光栅周期都是短周期(小于 1μm)]，前向传输的纤芯模式会耦合到后向传输的纤芯模式(Bragg 反射波长)以及众多的高阶的包层模式；当内部倾斜角度在 45°～90°之间的时候(长周期)，会出现前向传输的纤芯模式耦合到前向传输的包层模式，与长周期光栅很类似。当确定光栅结构与参数后，具体数值可通过模式耦合理论[180, 181]来计算。图 2.12 为内部角度为 10°的 TFBG 仿真得到的透射光谱(普通单模光纤上刻写光栅长度为 15mm)。此光栅的 Bragg 波长为 1544nm，属于短周期 TFBG。具体的计算思路是：先把在光纤纤芯和包层中所有满足边界条件的纤芯模式和包层模式都解出来，接着计算相位匹配模式之间的耦合系数(包括纤芯模式与纤芯模式、纤芯模式与包层模式、包层模式与包层模式)。透射光谱中的损耗表明：特定波长的入射光从光纤纤芯损失，由于这些模式已耦合至包层，不易再次回到纤芯内传输则反向耦合到包层的模式通常不会在反射谱中出现。模式类型包括纤芯模式，低阶的包层模式以及大量的高阶包层模式。其中纤芯和低阶包层模式主要对应变和温度灵敏；而高阶包层模式对折射率、温度和应变均灵敏。因此，当检测外界环境折射率时，可利用纤芯模式和低阶包层模式进行温度自校准。

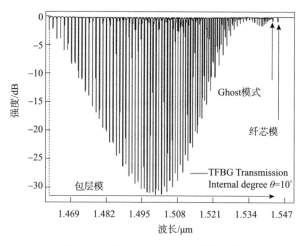

图 2.12　模拟 10°TFBG 的透射光谱

2.3.2　光纤光栅应力模型

光纤检测超声的基础是外界应力的变化，应力引起光栅波长漂移：

$$\Delta\lambda_B = 2n_{eff} \cdot \Delta\varLambda + 2\Delta n_{eff} \cdot \varLambda \qquad (2.20)$$

式中，$\Delta\varLambda$ 为光纤本身在应力作用下的弹性形变；Δn_{eff} 为光纤的弹光效应引起的折射率变化。

均匀轴向应力是指光纤光栅进行纵向拉伸或压缩，此时各项应力可以表示为 $\sigma_{zz} = -p$（p 为外加压强），$\sigma_{rr} = \sigma_{\theta\theta} = 0$，不存在切向应力。

根据材料力学原理得各方向的应变为：

$$\begin{bmatrix} \varepsilon_x \\ \varepsilon_y \\ \varepsilon_z \end{bmatrix} = \begin{bmatrix} \nu\dfrac{P}{E} \\ \nu\dfrac{P}{E} \\ -\dfrac{P}{E} \end{bmatrix} \qquad (2.21)$$

式中，E 和 ν 分别是石英光纤的弹性模量和泊松比。

在均匀轴向应力作用下，光纤光栅的应力灵敏度系数为：

$$\Delta\lambda_{B_z} = 2\varLambda\left(\frac{\partial n_{eff}}{\partial L}\Delta L + \frac{\partial n_{eff}}{\partial a}\Delta a\right) + 2\frac{\partial\varLambda}{\partial L}\Delta L \cdot n_{eff} \qquad (2.22)$$

式中，ΔL 代表光纤的纵向伸缩量；Δa 表示由于纵向拉伸引起的光纤直径的变化；$\dfrac{\partial n_{eff}}{\partial L}$ 表示弹光效应；$\dfrac{\partial n_{eff}}{\partial a}$ 表示波导效应。

2.3.3　光纤光栅对超声波的响应

沿着光纤轴向的压力场分布：

$$\varepsilon(t) = \varepsilon(t) = \varepsilon_m\cos\left(\frac{2\pi}{\lambda_s}z - \omega_s t\right) \qquad (2.23)$$

式中，$\dfrac{2\pi}{\lambda_s}$ 为超声波波数；ε_m 为超声波的归一化位移振幅；ω_s 是角频率；λ_s 是波长。

当超声波作用在光栅上时，光栅的折射率会被调制。其中一部分是压力作用下光栅周期被调制导致的折射率变化称作几何直接调制，另一部分是由于弹光效应引起的折射率变化。因此，超声波作用下光栅的有效折射率可以写为：

$$n'_{\text{eff}}(z', \ t) = n_{\text{eff0}} - \Delta n \sin^2 \left[\frac{\pi}{\Lambda_0} f^{-1}(z', \ t) \right]$$

$$- \left(\frac{n_{\text{eff0}}^3}{2} \right) \cdot \left[p_{12} - \gamma (p_{11} + p_{12}) \right] \cdot \varepsilon_{\text{m}} \cos \left(\frac{2\pi}{\lambda} z' - \omega_{\text{s}} t \right) \tag{2.24}$$

超声波作用下光栅的波长为：

$$\lambda_{\text{B}}(t) = \lambda_{\text{B0}} + \Delta \lambda_0 \cos \left[\omega_{\text{s}} t + \varphi(\lambda_{\text{s}}) \right] \tag{2.25}$$

波长漂移灵敏度为：

$$S_{\lambda}(\lambda_{\text{s}}/L, \ \varepsilon_{\text{m}}) = \frac{\Delta \lambda_{\text{us}}(\lambda_{\text{s}}/L, \ \varepsilon_{\text{m}})}{\lambda_{\text{B0}} \varepsilon_{\text{m}}} \tag{2.26}$$

如图 2.13 所示，对波长漂移灵敏度进行了模拟，可以看出：当 $\lambda_{\text{s}}/L \gg 1$ 时，波长漂移灵敏度接近于 0，此时光栅对超声不敏感；当 $\lambda_{\text{s}}/L \approx 1$ 时，随着 λ_{s}/L 的增大波长漂移灵敏度增大；当 $\lambda_{\text{s}}/L \ll 1$ 时，波长漂移灵敏度达到最大值。

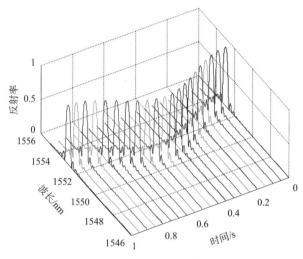

图 2.13　波长灵敏度模拟图

新的均匀布拉格光栅折射率为：

$$n'_{\text{eff0}}(t) = n_{\text{eff0}} - \frac{n_{\text{eff0}}^3}{2} \cdot \left[P_{12} - \nu (P_{11} + P_{12}) \right] \cdot \varepsilon_{\text{m}} \cos(\omega_{\text{s}} t) \tag{2.27}$$

光栅波长为：

$$\lambda_{\text{B}}(t) = \lambda_{\text{B0}} + \Delta \lambda_0 \cos(\omega_{\text{s}} t) \tag{2.28}$$

$\Delta \lambda_0$ 为在超声波作用下布拉格波长的幅度，表示为：

$$\Delta\lambda_0 = \lambda_{B0}\varepsilon_m - \lambda_{B0}\varepsilon_m \left(\frac{n_{eff0}^2}{2} \right) \left[p_{12} - \nu(p_{11} - p_{12}) \right] \tag{2.29}$$

$$\Lambda_0'(t) = \Lambda_0 \cdot \left[1 + \varepsilon_m \cos(\omega_s t) \right] \tag{2.30}$$

所以在做超声波检测时,光栅长度选择要远小于超声波波长。

2.3.4 理论仿真指导

由图 2.14 的仿真结果可知:光纤光栅长度越长,其检测超声灵敏度相应会提高,但检测超声波的带宽会相应降低。在实际的超声检测时须综合考虑。

由图 2.15 仿真结果为光栅长度和超声波波长及其入射角度的关系。超声波纵波在光纤里的传输速度为 5200m/s,当超声主频为 1000kHz,此超声波在光纤中传输的波长为 5.2mm。因此由图 2.12 可知,光纤长度减小,其对竖直入射的超声波响应较为灵敏。若可制作出长度为 2.6mm 的光纤光栅就能使其对各个方向上入射的超声波具有相似的检测灵敏度。

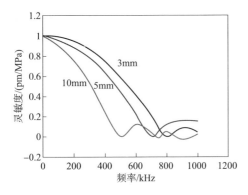

图 2.14 光纤光栅长度、灵敏度和
超声频率的关系

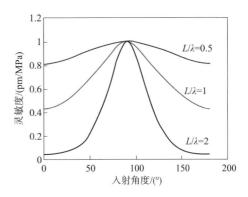

图 2.15 光栅长度和超声波波长及其
入射角度的关系

图 2.16 为光纤光栅反射光谱仿真结果,光纤光栅光谱的斜率随着光纤光栅长度的增加而增加,因此其检测超声波灵敏度也会增加。图 2.17 为使用六种不同长度的光纤光栅进行超声波检测时的探测灵敏度,与图 2.15 中的模拟结果一致。

图 2.18 和图 2.19 是超声波检测原理示意图。当光纤光栅长度相同时,PS - FBG 反射谱的斜率比 FBG 要大得多,因此选择 PS - FBG 作为超声波检测器件可有效提高检测灵敏度。

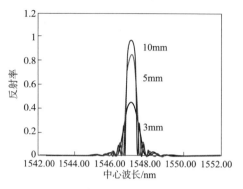

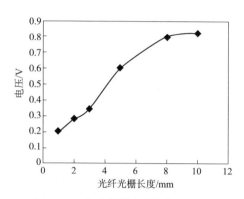

图 2.16　光纤光栅长度和反射光谱　　　　图 2.17　实验检测光纤光栅长度和
　　　　　　　　　　　　　　　　　　　　　　　　超声感应灵敏度关系

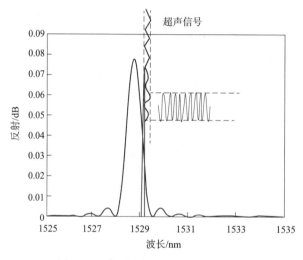

图 2.18　光纤光栅超声波检测示意图

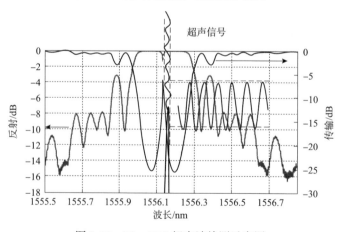

图 2.19　PS－FBG 超声波检测示意图

2.4 本章小结

本章就超声波检测部分,通过对不同类型的光纤超声波传感器的特点进行剖析,研究其对超声波的响应机理。其中,主要介绍了应用最为广泛的几种类型的光纤超声波传感器,分别是强度调制型光纤超声波传感器,干涉型光纤超声波传感器以及基于波长调制的光纤光栅超声波传感器。通过对各种光纤超声波传感器的理论分析和研究,为后续的实验奠定了坚实的基础。

第3章　超声波的产生、传输与探测

　　超声波是一种频率高于20kHz的声波，它具有方向性好、反射能力强、易于获得较集中的声能等特点，可广泛应用于测距、测速、清洗、焊接、碎石、杀菌消毒等领域。在本章中，主要从理论方面介绍超声波的产生和特性，超声波在固、液、气三种不同介质中的传播规律，超声波的反射、折射和衰减，超声波的探测原理和方法以及后期的超声波信号处理和反演方法等内容。

3.1　超声波的基本介绍

3.1.1　超声波的特性

　　由于具有好的方向性、高能量、强穿透能力、在两介质界面处能反射折射和波形转换等优点[182-187]，超声波已广泛应用于实际工作和生活中，主要包括：超声探测(如测厚、探伤和成像等)、超声处理(如除尘、清洗、焊接、钻孔、固体粉碎等)、加湿、制药、催陈等。

　　超声波的频率较高，波长较短的特点使得其在固体介质中具有较小的损耗，所以超声波能量高且穿透力强[188-191]。在一些金属材料中，超声波的穿透力可高达数米。在利用超声波进行检测时，来自被测物内部结构中反射回来的信号被用来判断该物体内部缺陷处的位置和尺寸。

　　超声波作为机械波的一种，它的运动可以用在弹性介质中机械振动的简谐波(最基本最简单的波动)来表示。简谐波源中的所有质点在均匀、无吸收的弹性介质中运动都是依照余弦规律的。数个不同频率的简谐波的叠加可以表示任何复杂的波动。假设介质均匀无限大、无吸收，则其波动方程可描述为：

$$y = A\cos\omega\left(t - \frac{x}{c}\right) \tag{3.1}$$

　　式中，A、ω、t、c、x分别指的是质点的初始振动幅度、角频率、时间、传播速度，以及质点与声源的距离。

式(3.1)反映了波动过程中在波传播方向上任意一点任何时间的位移。

由于振动具有多样性，超声波的种类有很多。若以质点的振动方向和波的传播方向两者的关系为区分准则，超声波则可以分为横波、纵波、板波和表面波。在实际的探测和成像应用中，纵波使用得最频繁[192-194]。纵波指的是质点的振动方向与超声波传播方向平行的波。当变化的外力作用到这些质点上时，质点会发生机械振动，其各个质点的排列表现为疏密相间的。因此，也称纵波为疏密波，它能在固、液和气中传播。若以波源振动的持续时间为区分准则，超声波可以被分为连续波和脉冲波。连续波指的是超声波源不断振动在介质中辐射的波，当其应用到超声波检测成像时被称为穿透法。而脉冲波指的是超声波源间歇性的振动在介质中所辐射的间歇性波。通常情况下，该波的持续时间为微秒量级。将此类波应用于超声波探测与成像中的方法叫作反射法。

将超声波能量充满弹性介质的空间称为超声波场。超声波场是具有特定的空间大小和形状的。影响超声波能量分布的两个主要因素为：超声波的振幅和传播介质。通常，将声压、声阻抗和声强用来描述超声波场的特征[195]。

(1)声压

当超声波在弹性介质中传播时，超声波源将会对附近介质质点产生作用力从而使得介质质点发生振动。由于介质中各质点间弹性力的相互作用，因此这类振动会由近向远传播。声压被定义为超声波场中任一位置的质点由于超声波传播所受到来自质点周围的压强，可用 P 表示：

$$P = P_1 - P_0 \tag{3.2}$$

式中，P_1 为超声波场中任一位置的质点对目标介质质点的压强；P_0 为无超声波场中任一位置的质点对目标介质质点的压强。

超声波声压的幅度值与传输介质的密度、波速和频率成正比。由于超声波的频率远远高于人耳能接收到的声波频率。因此，超声波的声压会远大于可听声波的声压。在实际的超声波检测和成像中，可以根据显示器上的超声波的声压幅度值来判断被测物中是否存在缺陷以及缺陷的尺寸。

(2)声阻抗

在超声波场中，将某一介质质点的声压 P 和该质点的振动速度 v 的比值定义为声阻抗，它可以用符号 Z 表示。

$$Z_a = \frac{P}{v} = \frac{\rho c A \omega}{v} = \frac{\rho c v}{v} = \rho c \tag{3.3}$$

通过式(3.3)可知，声阻抗的大小可通过介质密度和波速的乘积表示。当声压一定时，声阻抗与质点振动速度成反比。因此，它代表介质对质点振动具有一定的阻碍作用。当超声波在不同介质里传播时，两种介质各自的声阻抗与在两界面上发生的反射、折射和透射的现象有关。

(3)声强

超声波的传播同时也伴随着能量的传播。声强指的是单位时间、面积内垂直通过的超声波的能量。声强代表超声波能量的强弱。在同一的介质中声强的大小与超声波速度、超声波频率的平方、振幅平方和声压平方都成正比。超声波的声强远远大于可听声波的声强这是因为超声波的频率远超过可听声波的频率。

3.1.2 超声波的产生

目前，产生超声波的方法有很多种。其中最常见的方法为：压电效应、磁致伸缩效应、静电效应等。其中压电效应这一方法应用得最为广泛[196-204]，它是利用压电效应来实现的，其可以分为正压电效应和负压电效应。如图3.1所示，正压电效应指的是在交变(或拉力)作用下固体物质发生形变即物质本身极化，从而导致物质表面出现正、负束缚电荷的现象。同理如图3.2所示，逆压电效应是指当物质的两端在高频的交变电场下时，在一定方向物质会产生压缩或者拉伸形变，即产生振动的现象。在高频交变电场的频率大于200kHz时，弹性介质间物质的振动就会产生超声波。通常情况下，将能够产生压电效应的物质称为压电晶片。在超声波的检测中，超声波的产生是利用逆压电效应，而超声波的接收是利用正压电效应实现的。因此，由压电晶片制成的超声波换能器，既可以产生超声波也可以接收超声波。

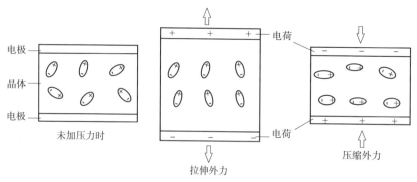

图3.1　正压电效应——外力使晶体产生电荷

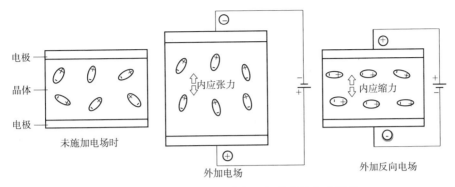

图 3.2 逆压电效应——外加电场使晶体产生形变

声压对传感区域的作用是超声波换能器对超声波的响应基础。在实验中，超声波换能器一般都使用的是圆盘式 PZT。假设圆盘式 PZT 表面上所有质点都以相同振幅和相位振动且超声波源在介质中没有能量损耗(图 3.3)，则圆盘 PZT 上任意一点波源 ds 所辐射出的球面波在圆盘轴线上某一点 Q 处所产生的声压为：

$$dP = \frac{P_0 ds}{\lambda r}\sin(\omega t - kr) \tag{3.4}$$

式中，dP 表示点源 ds 在某一点 Q 处所引起的声压；P_0 为超声波源的起始声压；ds 为点源的面积；r 为点源到某一点 Q 处的距离；k 为波数，$k = \omega/c = 2\pi/\lambda$；$t$ 为时间。

圆盘式 PZT 所发出的超声波在任一点 Q 处的声压可看成是无数个点源 ds 在 Q 点声压的叠加，因此 Q 点处的总声压可以表示为：

$$P = \iint dP = 2P_0 \sin\left[\frac{\pi}{\lambda}\left(\sqrt{R_0^2 + x^2} - x\right)\right]\sin(\omega t - kx) \tag{3.5}$$

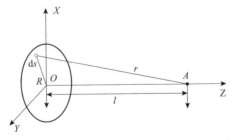

图 3.3 圆片式压电陶瓷超声换能器轴线方向声压分布计算

由式(3.5)可知，声压随时间发生周期性的变化。考虑到超声波探测仪上所显示的只有回波信号幅度和声压幅值的正比关系，因此只需讨论声压幅值，它可以写为：

$$P = 2P_0 \sin\left[\frac{\pi}{\lambda}\left(\sqrt{R_0^2 + x^2} - x\right)\right] \tag{3.6}$$

式中，R_0为圆盘式 PZT 的半径，x 为超声波源轴线任意一点 Q 到超声波源的距离。因此可推断出：当圆盘直径和超声波频率固定时，圆盘式 PZT 轴线上某一点的声压幅值与距离 x 呈正弦函数关系，具体的变化规律如图 3.4 所示。根据图中可以看出，超声波源轴线上声压随距离的分布可以分为两个区域：近场区和远场区。如图 3.4 所示，N 点以前超声波源附近出现多个极大值和极小值，该区域称为近场区即菲涅耳区。

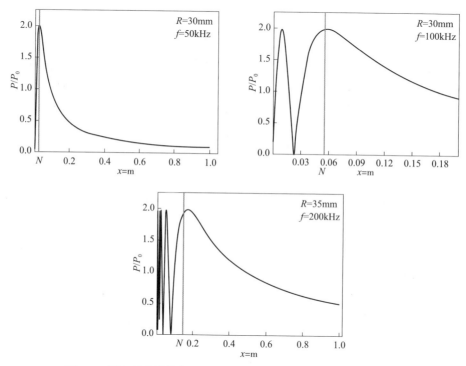

图 3.4　圆盘超声波换能器轴线上某点的声压幅值与距离 x 的关系

在实际的超声波检测成像中，如果具有被测物较大缺陷处位于声压极小值的位置处，则反射回来的超声波信号就可能会较弱，所测得的回波高度就会较低。而如果被测物较小的缺陷处位于声压极大值的位置处时，则反射回来的信号可能就会较强，在探测器上所显示的回波信号幅值就会较高。在这两种情况下，探测结果会造成错误判断甚至漏检。因此，在实际应用中，PZT 应该尽可能远离近场区域进行检测。如图 3.4 所示，远场区位于 N 点以后。在远场区域内，随着探测距离的增加，超声波源轴线上的声压会逐渐减小。当此距离大于 3 倍近场距离时，声压和距离将呈反比例关系，该关系可近似看作为球面波的规律。为了方便计算，当 $x > 3N$ 时，将圆盘式 PZT 的超声波声压近似为球面波的声压。

另外在实际的超声波检测中，超声波换能器发出超声波的声束指向性对检测结果有着很大影响。声束的指向性被定义为波源所发出超声波的能量集中在一起并以花束状向前传播的现象。在此处，将声束边缘线和声束的中心线间的夹角 θ 用来表示声束指向性的好坏。夹角 θ 的大小代表声束能量的集中程度。对于最常见的超声波换能器——PZT 来说，其发出的超声波并非是严格沿轴向传播的。沿轴向集中辐射超声波的性质来决定 PZT 声场的指向性，它可以表示为：

$$D(\theta) = \frac{(P_A)_\theta}{(P_A)_{\theta=0}} = \left| \frac{2J_1(ka\sin\theta)}{ka\sin\theta} \right| \tag{3.7}$$

式中，k 是波数；a 是 PZT 的半径。

由式(3.7)可知，指向性随着超声波频率的增加变得更加明显(方向角较小)。

图 3.5 为 PZT 发射源的声束指向性的模拟结果。从图中可以看出，超声波信号在沿轴向方向是最强的。因此在实际的应用中，被测物内部缺陷位置和大小的判断应主要依赖于 PZT 声束的轴线与缺陷垂直时所得到的回波信号(接收到的最强的反射信号)。同时，图 3.5 中存在多个声压零点。声波主要集中在第一个声压零点之内(即横轴为 3.83)，在此之外的声压很低。我们把第一个声压零点所对应的角度($2\theta_0$)定义为声束的边缘界限，叫声束的半扩散角(即第一零值发射角)。主声束是角度 $2\theta_0$ 范围内的声束，副声束则是在 $2\theta_0$ 范围以外的其他多个声压零点所对应的声束。

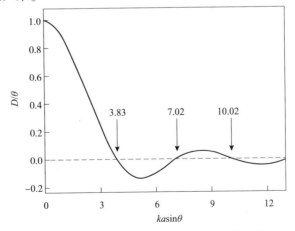

图 3.5　超声波 PZT 发射源声束指向性的模拟结果

通常情况下，PZT 所发出的超声波声束指向性越小，超声波能量越集中，也就是其检测灵敏度越高，这样更有利于准确确定被测物内部缺陷位置和大小。因此，为了提高声束的指向性，可以通过增大声源的直径和提高超声波的频率的方法来减小 PZT 所发出超声波的声束半扩散角，最终达到目的[205]。然而，在实际检测应用中，声源直径的增大会提高超声波的频率从而增加近场距离，这样反而对检测结果会产生不利的影响。除此之外，在实际的超声波检测应用中，仍有其他很多因素比如声源材料是否均匀、探测物表面的粗糙程度、探测物内部情况、超声耦合剂的性能等会影响声束的指向性。因此，应该综合考虑各种主要因素对声束指向性和近场距离的影响，在保证足够检测灵敏度的前提下，减少近场距离长度，以此来选择具有合适参数的声源。

3.1.3　超声波的波形

超声波在传输媒介中的形态决定于媒介本身的边界条件和本质特征。在空气、水等流体传输媒介中，只存在体积形变，超声波为纵波形式；在固体媒介中，还存在切变变形，超声波能以横波（切变波）的形式进行传播。一般情况下，超声波可分为纵波、横波、兰姆波、表面波等，不同波型所适用的应用领域也不同。

（1）纵波：超声波传播方向与介质质点振动方向相同，固体、气体、液体的体积出现交替变化时都可生成纵波。因此，纵波相对易产生和检测，在无损检测等领域应用广泛。

（2）横波：超声波传播方向与介质质点振动方向相互垂直，传输媒介只能为固体。实际应用中，超声横波又可分为水平和垂直偏振波（基准面为超声波所入射固体介质的界面）。

（3）表面波：介质表面的质点发生轨迹为椭圆形的振动，沿介质表面传播。同一介质，表面波速度要慢于介质内部的超声横波。因超声表面波的研究始于 1885 年英国瑞利的相关工作，故又称为瑞利波。

（4）兰姆波：传输介质为厚度小于入射波长的弹性薄板。声波能量在弹性薄板的上下表面不断被反射而出现相干叠加，从而沿弹性薄板长度方向产生兰姆波。一般兰姆波包括对称型与非对称型：对称型兰姆波传播时，弹性薄板中心面振动方向与声波传播方向相同（如纵波），而薄板其他质点则做椭圆形振动；对于非对称型兰姆波，板材中心面振动方向与声波方向相互垂直，而其他质点也做椭圆形振动。

3.2　超声波在介质中的传播

和机械波一样，超声波是通过介质质点的振动和各质点之间的弹性力来实现在弹性介质中的传播，它的速度称为超声波的传播速度。通常超声波的速度与介质本身的物理属性有关，如弹性模量和密度。另外，不同的超声波波形和传播时的温度变化会引起各介质质点的进一步振动从而影响声速。

3.2.1　超声波在固体中的传播

很多种不同类型的超声波都可以在固体介质中传播，如纵波、横波和表面波。在固体中传播时，声速的大小也受传播介质的形状和尺寸的影响。为了简化计算，忽略两界面间反射的回波。此时，纵波、横波和表面波在固体介质(假设该固体介质的尺寸远大于超声波波长，即它可以被看作无限大介质)中的声速分别可以表示为：

$$C_{\mathrm{L}} = \sqrt{\frac{E}{\rho}} \sqrt{\frac{1-\mu}{(1+\mu)(1-2\mu)}} \tag{3.8}$$

$$C_{\mathrm{S}} = \sqrt{\frac{G}{\rho}} = \sqrt{\frac{E}{\rho}} \sqrt{\frac{1}{2(1+\mu)}} \tag{3.9}$$

$$C_{\mathrm{R}} = \sqrt{\frac{G}{\rho}} \times \frac{0.87 \times 1.12\mu}{1+\mu} \tag{3.10}$$

式中，C_{L} 表示纵波的声速；C_{S} 表示横波的声速；C_{R} 表示表面波的声速；E 代表固体介质的杨氏模量；G 是固体介质的切向模量；ρ 为固体介质的密度；μ 为固体介质的泊松比。

根据式(3.8)~式(3.10)可以得到：在固体介质中，超声波的声速和固体介质的弹性模量和密度等有着密切的关系。超声波的声速随着固体介质的弹性模量和密度减小而增大。此外，超声波的声速还与固体介质中所传播的超声波波形有关。在同一固体介质中，不同波形的超声波声速也并不相同，它们存在着一定的关系分别为：

$$\frac{C_{\mathrm{L}}}{C_{\mathrm{S}}} = \sqrt{\frac{2(1-\mu)}{1-2\mu}} > 1 \text{ 则 } C_{\mathrm{L}} > C_{\mathrm{S}} \tag{3.11}$$

$$\frac{C_R}{C_S} = \frac{0.87 + 1.2\mu}{1+\mu} < 1(\mu < 1) \text{ 则 } C_S > C_R \quad (3.12)$$

通过上式可以看出，在同一个固体介质中，传播速度从大到小依次为：纵波、横波和表面波。在细长棒中（直径 $d \ll \lambda$）沿轴向传播的超声纵波的声速为：$C_{Lb} = \sqrt{\dfrac{E}{\rho}}$；而在粗长棒中（直径 $d > \lambda$）沿轴向传播的超声纵波的计算可利用公式 $C_L = \sqrt{\dfrac{E(1-\sigma)}{P(1+\sigma)(1-2\sigma)}}$。在实际超声波探测时，超声波的传播也会受到探测物轮廓界面回波的影响，导致声速表达式变得更加复杂。表3.1为室温下常用的固体材料的密度、声速和声阻抗。

表3.1   室温下常用的固体材料的密度、声速和声阻抗

种类	密度	泊松比	纵波声速	横波声速	表面波声速	声阻抗
铝	2.7	0.34	6260	5040	3080	1.69
铁	7.7	0.28	5850~5900	5180	3230	4.50
铸铁	6.9~7.3		3500~5600		2200~3200	2.5~4.2
钢	7.7	0.28	5880~5950		3230	4.53
铜	8.9	0.35	4700	3710	2260	4.18
铅	11.1	0.42	2170	1200	700	2.46
不锈钢	7.67		7390		2990	5.67

3.2.2   超声波在液体和气体中传播

横波和表面波是不能在液体和气体介质中传播的，而纵波则是能够在液体和气体介质中传播，它的声速可以记为：

$$c = \sqrt{\frac{K}{\rho}} \quad (3.13)$$

式中，K 代表着传播介质的体积模量。

与不同温度下气体中的声速相比较，声速在液体介质中受温度影响较为明显。表3.2为水中不同温度下的声速。可以观察到，当温度在70℃附近时，声速达到最大值。而温度低于70℃时，水中的声速随着温度升高而增大。随着温度高于70℃，水中的声速会随着温度的升高反而减小。在水中，声速和温度的关系为：

$$c_L = 1557 - 0.0245 (74 - t)^2 \tag{3.14}$$

式中，t 为水的温度，℃。

表 3.2　不同温度下水中的声速

温度 t/℃	10	20	25	30	40	50	60	70	80
声速 C_L/(m/s)	1448	1483	1497	1510	1530	1544	1552	1555	1554

3.3　超声波的反射、折射

当超声波传播到另一个具有不同声阻抗的介质中时，超声波的传播速度会发生改变，并且在两个介质的界面处将会产生新的超声波信号。据惠更斯原理可知，在两个介质的交界面处的质点即新的子波源会相互作用从而产生新的超声波源。新产生的超声波的类型和传播方向也与原本超声波类型、入射角度和射入界面有关。从第一种介质入射到界面处的超声波叫

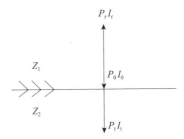

图 3.6　垂直入射到单一平界面

作入射波，而子波源向第二种介质中射入的波叫作透射波或折射波。当超声波垂直入射到一个具有光滑界面的介质中时，在两介质的交界面处会形成与入射波相反方向的反射波和与入射波相同方向的透射波，如图 3.6 所示。

图 3.7 中，P_0、I_0 代表入射波的声压、声强；而 P_r、I_r 分别代表反射波的声压、声强；P_t、I_t 代表透射波的声压、声强。交界面的声压反射率为交界面处的反射波声压 P_r 与入射波声压 P_0 之比，可用符号 r 表示，即为 $r = P_r/P_0$。而交界面的声压透射率是指交界面上透射的声压 P_t 与入射波的声压 P_0 之比，可用符号 t 表示，即 $t = P_t/P_0$。

根据超声波传播的连续性原则，在交界面处的质点应满足：①交界面两边的总声压相等（根据力的平衡原理）故 $P_0 + P_r = P_t$；②交界面上质点的振动速度幅值也都相等，$(P_0 - P_t)/Z_1 = P_t/Z_2$。因此可得：

$$r = \frac{P_r}{P_0} = \frac{Z_2 - Z_1}{Z_2 + Z_1} \tag{3.15}$$

$$t = \frac{P_t}{P_0} = \frac{2Z_2}{Z_2 + Z_1} \tag{3.16}$$

式中，Z_1、Z_2 分别代表第一、二种介质的声阻抗。

声强的反射率 R 定义为交界面处反射波的声强 I_r 和入射波的声强 I_0 的比值，它可以表示为：

$$R = \frac{I_r}{I_0} = \frac{\frac{P_r^2}{2Z_1}}{\frac{P_0^2}{2Z_2}} = \frac{P_r^2}{P_0^2} = r^2 = \left(\frac{Z_2 - Z_1}{Z_2 + Z_1}\right)^2 \tag{3.17}$$

界面上透射波的光强 I_t 与入射波的声强 I_0 之比称为界面的声强透射率，用符号 T 表示：①$T + R = 1$，说明在界面上超声波的反射和透射符合能量守恒；②声强的反射率和透射率与超声波从何种介质入射无关；③当 $Z_2 > Z_1$ 时，声压反射率 $r > 0$。这时反射波的声压与入射波的声压同相位，合成后的振幅增大。若 $Z_1 = 0.15 \times 10^6 \mathrm{g/(cm^2 \cdot s)}$，$Z_2 = 4.5 \times 10^6 \mathrm{g/(cm^2 \cdot s)}$，则：

$$r = \frac{P_r}{P_0} = \frac{Z_2 - Z_1}{Z_2 + Z_1} = \frac{4.5 - 0.15}{4.5 + 0.15} = 0.935 \tag{3.18}$$

$$t = \frac{P_t}{P_0} = \frac{2Z_0}{Z_2 + Z_1} = \frac{2 \times 4.5}{4.5 + 0.15} = 1.935 \tag{3.19}$$

$$R = r^2 = 0.935^2 = 0.875 \tag{3.20}$$

$$T = 1 - R = 1 - 0.875 = 0.125 \tag{3.21}$$

需要注意的是，由于声压属于力的范畴，而力只会平衡（$P_0 + P_r = P_t$），所以有时会出现 $P_t > P_0$。声强是反映声波能量的单位，因此透射波的声强一定小于入射波的声强，即 $I_t < I_0$。

（1）当 $Z_t > Z_1$ 时，声压反射率 $r < 0$。这是反射波的声压与入射波的声压成反相位，合成振幅减小，如图 3.7 所示。

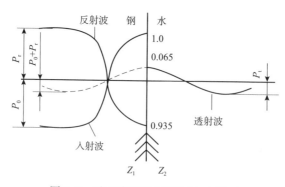

图 3.7 平面波垂直入射到钢/水界面

（2）当 $Z_2 \approx Z_1$ 时，声压反射率 $r \approx 0$，$r \approx 1$。这时入射的超声波几乎全部透

射，没有反射，好像不存在界面一样。

（3）当 $Z_1 \gg Z_2$ 时，$r \approx -1$，$t \approx 0$。这时入射的超声波几乎全部反射，没有透射。

3.4 超声波的衰减

3.4.1 衰减原因

超声波在介质中传播时，它的能量衰减指的是声波能量随距离的增加而逐渐减小[206]。超声波能量衰减的原因主要有：一方面超声波在介质传播过程中由于反射和散射，使一部分声能偏离它的传播方向，而使得声能在探测方向上减小；在另一方面介质的吸收作用会导致一部分声能转化为另一种能量（热能），而声强变小。因此，超声波衰减可宏观认为是反射、散射和吸收等效应的总和。但其具体的定量值以实际测量的结果来为准。在理论上，超声波能量衰减的原因可以分为：

（1）声束的扩散衰减

不同声源在介质中的波动状态使得声波在介质中的传播情况也存在有一定的差异。就面积有限的声源而言，在传播路径上它的声波就会发生扩散。声束的扩散衰减定义为随超声波传播距离的增加，声波扩散的逐渐加大而导致单位面积上声波能量不断减小的现象。

声束的扩散衰减仅只取决于声束的形状。在实际超声波检测中，超声波探头型式、晶片大小、声波频率的不同也会使得超声波的扩散衰减程度不同。

（2）声波的散射衰减

散射衰减指的是超声波在传播到具有不同声阻抗介质的交界面时会产生散射从而引起超声波能量衰减的现象。若介质内的晶粒较为粗大，超声波在晶界上会出现很多的散乱反射和折射。而被散射后的超声波会沿着复杂的路径传播到超声波探头，最终在显示屏上出现如图 3.8 所示的林状回波。这样的回波信号信噪比降低，会使得真实缺陷难以分辨。

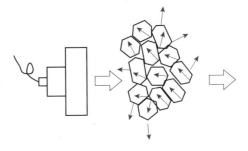

图 3.8 林状回波

（3）介质的吸收衰减

超声波在介质中传播时，将引起介质质点的振动。由于介质质点振动导致的内摩擦（即黏滞性）和热传导引起的超声波能量衰减称为吸收衰减或黏滞衰减。

除了以上的三种衰减外，还有位错引起的衰减、磁畴引起的衰减和残余应力引起的衰减等。通常所说的衰减主要指介质对超声波的衰减，即吸收衰减和散射衰减，不包括扩散衰减。

3.4.2 衰减系数和衰减方程

（1）衰减系数

超声波衰减的强弱用衰减系数 α 来表示，其单位为 dB/mm，即经过 1mm 的距离超声波能量减小的分贝数。对于金属材料等固体介质而言，介质衰减系数 α 等于散射系数 α_s 和吸收衰减系数 α_a 之和。

$$\alpha = \alpha_s + \alpha_a \tag{3.22}$$

$$\alpha_a = c_1 f \tag{3.23}$$

$$\alpha_s = \begin{cases} C_2 F d^3 f^4 & (d < \lambda) \\ C_3 F d f^2 & (d \approx \lambda) \\ C_4 F / D & (d > \lambda) \end{cases} \tag{3.24}$$

式中，f 代表超声波的频率；d 代表介质的晶粒直径；F 代表材料的各向异性；λ 代表系数；C_1、C_2、C_3、C_4 代表系数。

由式（3.22）~式（3.24）可知：介质的吸收衰减与超声波的频率成正比；介质的散射衰减与 f、d、F 有关，受频率 f 的影响很大。在实际超声波检测中，若材料的晶粒较大，采用过高的频率就会引起严重的衰减。这就是超声波检测晶粒较大的奥氏体钢和一些铸件的困难所在。对于液体介质而言，介质的衰减主要是吸收衰减。

$$\alpha = \alpha_a = \frac{8\pi^2 f^2 \eta}{2\rho c^3} \tag{3.25}$$

式中，η 代表介质的黏滞系数；ρ 代表介质的密度；c 代表波速。由式（3.25）可知，液体介质的衰减系数与介质的黏滞系数和声波频率平方成正比，与介质的密度和波速立方成反比。

由于 η、ρ、c 都与温度有关，介质对超声波的衰减程度与介质本身的性质密切相关，因此在实际工作中有时可以根据此来衡量材料的晶粒度大小、石墨含量等。

（2）衰减方程

不同的波形的衰减方程也有所不同。

①平面波的衰减方程

平面波不存在扩散衰减，只存在介质衰减，其声压衰减方程为：

$$P_x = P_0 e^{-\alpha x} \tag{3.26}$$

式中，P_0 代表波源处的起始声压；P_x 代表距离声源为 x 处的声压；x 代表至波源的距离；α 代表介质衰减系数，dB/mm；e 代表自然对数的底数（$e = 2.718\cdots\cdots$）。

②球面波的衰减方程

球面波的波束向周围扩散，既存在扩散衰减，又存在介质衰减，其声压衰减方程为：

$$P_x = \frac{P_0}{x} e^{-\alpha x} \tag{3.27}$$

③柱面波的衰减方程

柱面波的波束向四周扩散，既存在扩散衰减，又存在介质衰减，其声压衰减方程为：

$$P_x = \frac{P_0}{\sqrt{x}} e^{-\alpha x} \tag{3.28}$$

（3）衰减系数的测定

①薄板工件衰减系数的测定

对于厚度较小、上下底面平行、表面光洁的薄板工件可将直探头放在工件表面，利用超声波在工件上下表面多次反射形成的回波来测定，如图3.9所示。介质的衰减系数为：

$$\alpha = \frac{10\lg \frac{B_m}{B_n}(n-m)\delta}{2(n-m)x} \tag{3.29}$$

式中，m、n 是底波的反射次数；B_m、B_n 是第 m、n 次底波高度；δ 是一次反射的反射损失；x 是薄板的厚度。当超声波的传播距离超过其未扩散区长度时，式(3.29)还应考虑扩散衰减量 $20\lg \frac{n}{m}$。

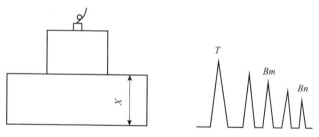

图 3.9　薄板工件衰减系数测定

②厚板工件衰减系数的测定

如图 3.10 所示，厚板的衰减系数测定通常根据第一、二次波的高度来确定，其衰减系数为

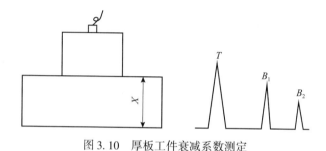

图 3.10　厚板工件衰减系数测定

$$\alpha = \frac{20\lg\dfrac{B_1}{B_2} - 6 - \delta}{2x} \tag{3.30}$$

式中，B_1、B_2 为第一、二次底波高度；6 代表声束扩散引起的衰减量；δ 是一次反射的反射损失；x 是工件的厚度。

3.5　超声波的检测

3.5.1　超声波检测方法

超声波检测的方法有很多，这些方法的特点和操作要领也大都不尽相同。依照检测原理的不同，超声波检测的方法可以分为脉冲反射法、穿透法、共振法[207－214]。

（1）脉冲反射法

脉冲反射法是指当脉冲超声波进入到被检测工件内并遇到缺陷处时，会产生反射、透射和折射，最后通过接收到的反射回波信号来判断被测物内部的缺陷。这种方法容易操作，目前它的应用最为广泛。

脉冲反射法中又可以细分为缺陷回波法、底波法和多次底波法。

①缺陷回波法

缺陷回波法指的是通过观察显示屏上缺陷的反射回波信号来判断被测物体内部结构的方法。如图 3.11 所示，当被测物内部没有缺陷时，超声波会直接传播至被测物底面，而在仪器显示屏上只会观察出最初发射脉冲信号 T 和底面反射回波信号 B；若被测物内部存在缺陷时，在仪器显示屏上的信号中底波 B 信号之前会出现缺陷的反射波 F 信号。通过观察显示屏上出现的信号中缺陷波出现的水平位置和波形等信息，就可以推测出被测物内部缺陷的位置、大小性质等。

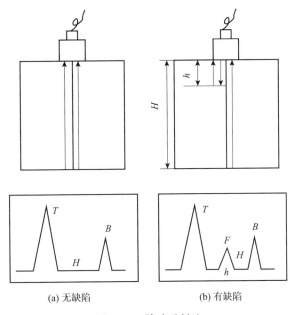

(a) 无缺陷   (b) 有缺陷

图 3.11　脉冲反射法

②底波法

假如被测物材质均匀且厚度一致，被测物底面的回波在超声检测仪显示屏上的高度应基本是保持不变的。如果被测物体内部存在缺陷，则接收到的底面回波信号的高度会降低甚至是消失。因此，底波法可以通过底面回波的高度变化来断定被测物内部的缺陷情况。

但是耦合条件、缺陷的取向、工件底面发射情况等也会影响工件中底波高度，这不利于缺陷的定位和定量。因此，通常情况下，在推测缺陷的信息时，底波法只能被作为缺陷回波法的一种手段。在超声波能量较大且工件厚度较小时，超声波就会在工件探测面和底面之间往返传播很多次，最终会在仪器显示屏上出现多次底波。

③多次底波法

若被测物内部存在缺陷，显示屏上不仅会出现缺陷波，而且会导致底面回波的次数减小，高度依次降低的规律发生变化(由于缺陷反射和散射增加了声能的损失)如图 3.12 所示。因此，多次底波法可以定义为根据底波次数和高度变化的规律来推测关于被测物内部缺陷的相关信息。多次底波法通常被用来测量厚度薄、形状简单和探测面与底面平行的物体，如钢板的超声波检测。相比于缺陷回波法，多次底波法的检测灵敏度较低。

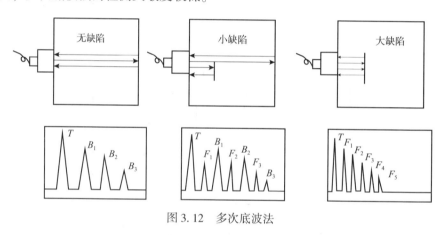

图 3.12　多次底波法

(2)穿透法

如图 3.13 所示，穿透法是利用超声波穿透工件后的能量变化来判断缺陷信息的一种方法。因此，穿透法常采用两个探头：一个探头用于发射超声波，另一个用于接收，分别置于工件的两侧进行检测，并且可以使用连续超声波检测。

(3)共振法

如果进入工件的超声波频率可调，当工件的厚度为超声波的半波长的整数倍时，将引起共振，仪器显示出共振的频率。这是，用公式(3.31)可算出工件的厚度。

$$\delta = \frac{\lambda}{2} = \frac{c}{2 \times f_0} = \frac{c}{2(f_m - f_{m-1})} \quad (3.31)$$

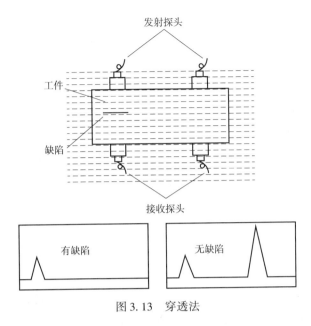

图 3.13 穿透法

式中，δ 是工件的厚度；λ 是超声波的波长；c 是被检工件的声速；f_0 是工件的固定频率；f_m、f_{m-1} 是相邻两共振频率。

当工件中存在缺陷或工件厚度发生变化时，共振频率将发生改变，据此便可推出工件中的缺陷情况或工件厚度变化情况。目前，共振法常用于工件的厚度。

另外，根据检测采用的波形不同，超声波检测方法可分为纵波法、横波法、表面波法、板波法等；根据探头的接触方式不同，超声波检测方法可以分为直接接触法和液浸法；根据使用探测的数目不同，超声波检测方法可以分为单探头法、双探头法和多探头法。

3.5.2 超声波检测方法的选择

超声波检测设备主要是超声探伤仪和探头，正确选择超声检测设备对于有效发现缺陷，确定缺陷的位置、大小和性质至关重要。在检测时，应根据被检工件的材质、形状、加工工艺和技术要求来合理进行选择。

超声波探伤仪是超声探伤的主要设备，大致可以分为模拟式、数字式和成像式超声检测仪三大类。目前国内外超声波检测仪种类众多，性能也不尽相同。在检测时，一般会根据实际应用来选择，如在室外现场探伤时，应选择重量轻、荧光亮度好、抗干扰能力强的便携式仪器；检测近表面的缺陷时，应该选择盲区小、分辨率好的仪器。

探头是的发射和接收超声波的重要器件，其性能的优劣直接影响到超声检测的灵敏度。探头的选择就是要确定探头的类型、频率、晶片尺寸、结构型式、斜探头 K 值等参数。探头的种类很多，结构型式也不一样，一般应根据被检工件的形状、加工方法和技术要求进行选择。

（1）探头类型

常见的探头型式有纵波直探头、横波斜探头、表面波探头、双晶探头、聚焦探头等。一般根据工件被检部位的可达性，对超声波的衰减性和可能出现的缺陷位置、取向等条件来选择探头的型式，尽量使声束轴线与绝大部分缺陷垂直。

（2）探头频率

目前商用化探头的频率有 0.5MHz、1MHz、1.25MHz、2MHz、2.5MHz、4MHz、5MHz、6MHz、10MHz、15MHz 和 25MHz。常用的超声波检测频率在 0.5～10MHz 之间。在脉冲反射法超声波检测时，对超声波能产生有效反射的缺陷须满足两个条件：其一是缺陷在垂直于声束的方向尺寸不小于波长的一半；其二是沿声束方向的缺陷厚度不小于波长的四分之一（根据多层介质的投射规律）。但是由于超声波检测用脉冲波都具有一定的频带宽度，实际上能检出更小更薄的缺陷。一般选择频率时应考虑以下因素：①由于波的衍射，使超声检测的理论灵敏度为 $\lambda/2$，因此提高超声波频率，有利于发现更小的缺陷，但是，随着频率的提高，介质中声波散射加剧，使超声波能量的衰减增加；②超声波的频率高，脉冲宽度小，分辨率高，有利于区分相邻的缺陷；③超声波的频率高，波长短，半扩散角小，声束指向性好，能量集中，有利于对缺陷进行准确定位。但是，近场区长度加大，对检测不利。

由以上分析可知，频率的高低对超声检测有较大的影响，既有有利的一面，也有不利的一面。在实际检测中，应全面分析综合考虑各方面的因素，合理选择检测频率。一般在保证检测灵敏度的情况下，应尽可能选择较低的频率。

（3）晶片尺寸

通常探头中圆晶片尺寸为 10～30mm。选择晶片大小时，应考虑以下因素：晶片尺寸增加，半扩散角减小，声束指向性变好，超声波能量集中，有利于检测。但晶片尺寸增加，近场区长度迅速加大，对检测不利。当晶片尺寸大，辐射的能量大，声场未扩散区范围大，远距离范围相对变小，发现远距离缺陷能量降低。

上述分析表明，晶片尺寸大小对声束指向性、近场区长度、近距离和远距离扫查范围都有较大的影响。实际检测中，检测面积范围大的工件，为了提高探伤效率宜选用大晶片探头。检测小型工件或表面不平整、曲率较大的工件时，为了提高缺陷定位定量精度、减小耦合损失，应选择小晶片探头。

3.6 超声波探测系统的优化和后期数据处理

3.6.1 耦合与补偿

超声波检测时，为了增强超声波的透声能力，减小超声波在工件表面的能量损失，施加在工件表面的一层透声介质，称为耦合剂。耦合剂的作用在于排除了探头与工件之间的空气，提高了超声波的透射率，减小了探头与工件之间的摩擦。影响超声波耦合的主要因素有耦合剂的种类、耦合层的厚度、工件表面粗糙度和工件表面形状等。在选择耦合剂时，一般要求其声阻抗高，透射性能好；对工件无腐蚀，对人体无害，不污染环境；能浸润工件和探头表面，流动性、黏性和附着力适当，容易清洗；性能稳定、不易变质等。常用的耦合剂为：甘油、水、机油、变压器油和化学糨糊。耦合层的厚度、工件表面粗糙度和工件的表面形状是影响声耦合的主要因素。常见的超声检测用耦合剂性能特点如表 3.3 所示。

表 3.3 常见的超声检测用耦合剂性能特点

耦合剂	声阻抗	特点
甘油	2.43	价格较贵，对工件有腐蚀，常用于一些重要工件
水玻璃	2.17	不易清洗，对工件有腐蚀，常用于表面粗糙的工件
水	1.5	来源广，价格低，易使工件生锈，常用于水浸法
机油	1.28	黏度和附着力适当，流动性较好，应用最为广泛
变压机油	0.122	
化学糨糊		耦合效果较好，固态供货，须用水稀释后使用

3.6.2 信号噪声

在探测工程中，由于工件的制作和材料会产生散射，且超声探测器自身的缺陷也会引入大量的噪声，影响最终的成像质量，因此对超声检测到的信号进行噪声处理是非常必要的。超声检测中，主要的噪声可分为两类：声学噪声和非声学噪声。声学噪声主要是指材料噪声，也就是通常指的结构噪声。材料噪声一般是指由材料晶界散射引起的微结构噪声，它的幅度和到达时间是随机的。往往对缺陷信号造成干扰，甚至将目标信号完全淹没。它大小除与超声波长、散射体尺寸大小有关外，还与散射体和周围介质的声学性质(声速、密度)差异大小有关。晶界回波不同于电噪声，它是静止的、相关的，在扫描过程中，若换能器不动，则不同次采样中的材料噪声近似相同。非声学噪声主要包括量化噪声、电子电路噪声、振铃噪声和脉冲噪声等。量化噪声(又称量化误差)直接与所用的模数转换器芯片有关。电子电路噪声(有时称为仪器噪声)是一种连续型随机变量，源于仪器电路中的随机扰动，比如电路中元器件的电子热运动、半导体器件中载流子的不规则运动等。热噪声是电子系统中的另一种主要噪声，系统中的所有部位都会产生热噪声。热噪声的来源很多，最主要是电阻热噪声。热噪声也属于白噪声。

目前常用的去噪处理方法有 STFT、WVD、WT 和 HHT 等[215]。

(1)STFT

STFT 是通过对信号加窗 $w(t)$，假设在某一时刻的窗内信号是平稳的，由窗函数的时移计算出各个不同时刻信号的傅里叶变换的结果。由于短时傅里叶变换的基本思想是用一个时窗足够窄的窗函数乘时间信号，得到的信号可以看成是平稳的，再通过傅里叶变换得到局域化的频谱。因此信号的短时傅里叶变换很大程度上受窗函数的选择影响。

常用的窗函数有幂函数，如矩形、三角形等。通常主瓣比较集中，但是旁瓣衰减速度低，并有负旁瓣，在变换中会带进高频干扰和泄露，甚至出现负频现象。其中，三角函数窗应用三角函数，即正弦或余弦函数等组合或复合函数，例如 Hanning 窗等，他可以利用旁瓣相互影响以消去高频干扰和泄露。指数采用指数时间函数，例如，Gauss 窗等，它跟 Hanning 窗类似，但衰减速率比 Hanning 窗慢。

(2)WVD

WVD 分布定义为中心协方差函数的傅里叶变换。信号的 $s(t)$ 的 Wigner – Ville 分布为：

$$W_z(t,f) = \int_{-\infty}^{\infty} z\left(t + \frac{\tau}{2}\right) z^*\left(t - \frac{\tau}{2}\right) e^{-j\pi\tau f} d\tau \tag{3.32}$$

式中，$z(t)$ 是 $s(t)$ 的解析信号；t 为时间；f 为频率；τ 为时延变量；$*$ 表示复共轭。

WVD 解析信号的频谱表示如下：

$$W_z(t,f) = \int_{-\infty}^{\infty} z\left(t + \frac{\tau}{2}\right)z^*\left(t - \frac{\tau}{2}\right)\mathrm{e}^{-j\pi\tau f}\mathrm{d}\tau \qquad (3.33)$$

WVD 的主要特点之一是具有明确的物理意义，它可被看作是信号能量在时域和频域中的分布。

（3）WT

WT 方法是一种时频窗口大小固定但其形状可变化，时间窗和频率窗都可改变的时频域局域化分析方法，即在低频部分具有较高的频率分辨率和较低的时间分辨率，在高频部分具有较高的时间分辨率和较低的频率分辨率，所以被誉为数学显微镜。正是因为良好的时频局部化特性和多尺度分析的功能，小波变换具有分析非平稳信号的自适应能力。

将任意 $L^2(R)$ 的空间中的函数 $f(t)$ 在小波基下展开，将这种展开称为函数 $f(t)$ 连续小波变换，表达式为：

$$WT_f(a_w, b_w) = \langle f(t), \psi_{a_w, b_w}(t)\rangle = \int_{-\infty}^{\infty} f(t)\psi^*\left(\frac{t - b_w}{a_w}\right)\mathrm{d}t \qquad (3.34)$$

式中，$\psi(t)$ 为基本小波函数；a_w 为尺度或伸缩因子；b_w 为时间或平移因子。

小波变换的本质是将基本小波函数 $\psi(t)$ 时域平移 b_w 后，在不同的尺度 a_w 下与待分析信号 $f(t)$ 做内积。因此，小波变换可以灵活地变化时 – 频率窗，时间窗伸展时，频宽收缩，带宽变窄，频率分辨率增高；而与之相反，时间分辨率增高时，频率分辨率降低，这恰恰符合实际问题中高频信号的持续时间短、低频信号持续时间长的自然规律。因此，与固定窗函数的短时傅里叶变换相比，小波在时频分析领域有其独特的优点。

（4）HHT

HHT 的核心技术经验模式分解可以看成是借助固有模式函数对数据进行分解，此时，这些源于数据并由数据导出的固有模式函数组将作为分解的基函数。分解是线性的还是非线性的完全由数据决定，这种分解是完备且自适应的，因此用它分析非平稳数据是很理想的。

HHT 方法本质上由 EMD 与 Hilbert 谱分析（Hilbert Special Analysis, HSA）两部分组成。任意的非平稳信号首先经过 EMD 方法处理后被分解为若干个 IMF，然后对每个 IMF 分量进行 Hilbert 谱分析得到相应分量的 Hilbert 谱，最后汇总所有 IMF 分量的 Hilbert 谱就得到了原始非平稳信号的 Hilbert 谱。按照这种方法得到的 Hilbert 谱在联合的时间频率域中描述非平稳信号，具有非常高的时频分辨率，而且 EMD 方法分解所得到的 IMF 分量也具备明确的物理意义。

3.6.3 缺陷位置的测定

在超声检测中，主要目的就是对缺陷做出准确的测定（位置和大小）。确定缺陷位置之前应首先根据探测范围调节扫描速度，以便在规定的范围内发现缺陷并对其进行定位。仪器显示屏上时基扫描线上某一回波的水平刻线值 τ 与工件中对应的实际声程 x（单程）的比例关系，即 $\tau : x = 1 : n$ 称为扫描速度（时基线扫描比例）。它类似于地图上的比例尺，如扫描速度 1:10 表示仪器显示屏上水平刻线 1 格代表实际声程为 10mm。

由超声波检测仪的原理可知，当仪器的发射电路发出用来激发超声波的高频电脉冲的同时，时基接收电容接收到回馈信号为止，并根据该段时间的长短决定对应回波在显示屏上的位置——水平刻度 τ 成正比例的关系，在调节扫描速度时，通常会根据检测范围，利用已知尺寸的试块或工件上两次不同反射波的前沿分别对准相应的水平刻度来实现。纵波检测一般按纵波声波来调节扫描速度。具体的做法是：将纵波探头对准厚度适当的平底面，使两次不同的底波分别对准相应的水平刻线值。表面波探伤一般也按声程调节扫描速度，利用两个不同的反射体形成的两次反射波分别对准相应的水平刻度值来调节。如图 3.14 所示，调节仪器使棱边 A、B 的反射波分别对准水平刻度线 5、7.5，这时表面波扫描速度为 1:20。如图 3.15 所示，横波探伤时，工件中缺陷位置可由水平距离 l、深度 H、声程 x 和折射角 β 四个参数中任意两个参数来确定。因此，横波扫描速度的调节方法有三种：声程调节法、水平调节法和深度调节法。

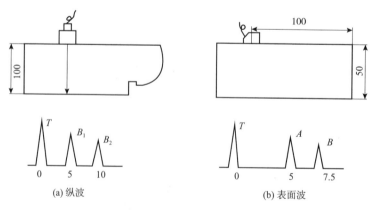

图 3.14　扫描速度的调节

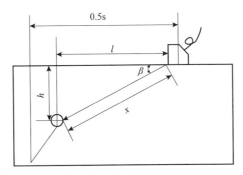

图 3.15　横波探伤缺陷位置确定

3.6.4　边缘滤波技术

边缘滤波技术是将干涉谱线的斜边作为滤波器，利用滤波器件对光波长响应函数的线性部分，将窄线宽的激光光束与斜边特定位置的波长匹配，当干涉谱线的波长在超声波作用下发生漂移时，谱线斜边对激光光束的强度会有调制作用，通过光电探测器将光强信号转换为电信号，如图 3.16 所示[216]。耦合器会等功率地将反射信号分为两部分：一部分经过滤波器后进入探测器；另一部分直接进入探测器放大，成为参考信号。这种方法消除了光源波动的影响，且体积可以做

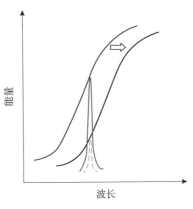

图 3.16　边带滤波技术

得很小。但它随环境温度影响较大，而且滤波曲线的线性近似也造成一定的误差。

由图 3.18 可知，传感器的检测灵敏度与干涉谱线斜边的斜率成正相关关系，谱线斜边越陡峭时，传感器对超声波的响应灵敏度越高；谱线斜边越平缓时，传感器对超声波的响应灵敏度越低。

3.6.5　数据反演

一般而言，正演问题是指从给定模型得到模型对应数据的过程，而反演问题是指给定的数据求解模型的过程。讨论正演问题通常涉及两个方面的内容：一是

通过实验寻求物理定律，即确定从模型空间到数据空间的正确表达；另一方面则是运用物理定律通过给定的模型参数对观测数据进行预测。反演问题的研究是建立在正演问题被解决之后基础上的，若正演问题没有解决（物理定律不清楚），一般地说，反演问题的研究就无法开展。基于模型的地震反演技术，实际上就是应用适合的广义线性或最新型最优化算法，通过反复计算迭代，实现实测地震响应与地震正演模拟响应最佳匹配的过程；即从地质模型出发，采用模型优选迭代扰动算法，不断修改灯芯模型，使模型正演合成资料与实际测得数据最佳吻合，最终的模型数据便是反演结果。由此可见，反演结果既取决于正演模型的选择，也取决于合适的最小化误差原则的选择。

在力学领域，上至地球宇宙物理，下至原子电子微粒，随着反演问题的研究方向的不同，相应的反演解决思路也是存在不同的特点。但是本质上来讲当下研究的反演算法主要可以分为三大层次[217]：射线理论、声波理论和弹性波理论。

在反演问题的理论研究中，围绕上述三大层次，科学界从超声研究人员到地震波研究人员均提出了不同的反演算法。近年来，出现跨学科研究跨学科应用的情况，例如有人把地震波研究领域的算法尝试迁移应用到微波领域。尽管研究繁杂，但是从根本上而言，这些方法基本可以归类为两大方向[218]：①直接反演法即线性化方法，具体包括传递矩阵法、BA 法、射线法、Rytov 近似法等方法；②间接反演即数值迭代方法，主要分为直接迭代反演算法和优化反演算法；具体包括脉冲谱法、生息法、梯度正则法等方法。

其中，直接反演算法具备运算速度快计算时间短等优点，但是该系列算法常常会积累较为严重的误差，存在抗噪能力弱等问题。间接反演算法却与之不同，在某种意义上该系列算法可以保证得到最优解，但其代价往往是需要耗费大量的计算时间特别是如果计算的数据量和数据矩阵过大的时候有时可能会出现无法实现迭代收敛的问题。所以，在实际操作中，充分考虑两类算法的优缺点的条件下，往往先采用直接反演法去估算出其值点所在的值域范围，然后基于优化反演算法或迭代方法去改善反演结果。

3.6.6　超声分辨率

所谓的超声的分辨率指的是超声成像仪可以区分两个相邻目标体界面之间的最小距离的能力。超声分辨率主要分为两大类，即：横向分辨率和纵向分辨率[219]。

横向分辨率也叫厚度分辨率，指的是在与声束轴线垂直的平面上，在探头短轴方向的分辨率，也即在同一探测深度上，该深度的水平方向的分辨力率。横向分辨率与轴向分辨率在同一平面上，且两种分辨率互相垂直。

纵向分辨率：也叫轴向分辨率，指的是声束轴线上的分辨率，也即在深浅方向的精细分辨率。它表示可以区分声束轴线上两个相邻检测目标体之间的最小距离的能力，与脉冲长度有关，理论上纵向分辨率为 1/2 波长[220,221]。

3.7 本章小结

本章论述了超声波产生的方法，超声波在不同介质中的传播规律以及超声波在传播过程中的反射、折射和衰减规律；简单介绍了超声波探测系统优化的方法；对比分析了常见的超声波检测方法。这些理论方法将会应用于后续章节中传感器的设计制作、传感系统的搭建优化和后期数据处理等步骤中。

第 4 章　光纤超声波传感器在地震物理模型成像领域的应用

与传统的常规 PZT 相比较，光纤超声波传感器充分发挥了光纤传感器的优势，特别是在宽频带响应和信号长距离传输保真等方面尤为突出。目前，就光纤超声传感器本身来说，如何提高传感器灵敏度（高信噪比输出）、扩大传感器的频率响应范围（单一传感单元宽频带超声信息获取）、微型化传感器结构以及提高传感器可靠性一直是光纤超声传感器研究的主要方向。清华大学精密测量技术与仪器国家重点实验室首次使用光纤超声传感器对地震物理模型的扫描成像研究，拓展了光纤超声波传感技术的应用领域。本章以地震物理模型成像为目标，提出了以下结构：

（1）利用一个 1×2 耦合器制成了一种基于 MI 结构的紧凑型光纤超声波传感器，并将其封装在倾角为 45°的斜管上。通过对探测臂和参考臂的端面涂覆金膜，提高了其反射率进而优化了干涉谱线。另外，为了进一步提高灵敏度，对探测臂进行了腐蚀处理。实验结果表明：该传感器初步具有探测地震物理模型内层结构的能力。此外，由于封装结构的不对称性，该传感器具有很强的方向依赖性。

（2）提出了一种基于空气微泡型 FP 干涉结构的光纤超声波传感器。该结构仅需通过在 HCF 和 SMF 光纤之间进行简单的多次熔接放电操作，就能制作出尺寸小于 120μm 的空气微泡，此操作具有良好的稳定性和可重复性。该传感器具有较高的超声波灵敏度尤其对高频超声波，其信噪比可达 24.08dB。为了进一步提高传感器的灵敏度，对 HCF 进行载氢预处理，在随后的放电过程中，HCF 中的氢分子被加热并膨胀，使 HCF 处形成了长度和厚度分别约为 186μm 和 2μm 的光滑的气泡。较之前的结构，最终的声压灵敏度增加了两倍（3600pm/MPa）。从超声波三维探测结果可知，通过进一步的数据优化该结构具有探测复杂地震物理模型的潜力。最后，利用空气微泡结构探测 POF 耦合 PZT 所发出的超声波证实了 POF 短距离耦合超声波的能力。通过空气微泡结构和 POF 超声源的结合可构成狭窄空间的全光纤超声波检测/成像系统。

（3）设计并制作了一种基于 SMF 端面式 FPI。该传感器探头是通过使用塑料焊接机将 PVC 隔膜涂覆在提前切割好的 SMF 端面上而制成的。由于聚氯乙烯具有优良的性能，这个紧凑的传感器对宽带超声波具有较高的超声波灵敏度。在实验中，利用传播时间法对探测到的超声波信号进行重构，得到了具有不同角度的倾斜地震物理模型和球形地震物理模型的三维图像。

4.1　地震物理模型成像

我国作为一个资源大国，拥有丰富的地下油气资源，科学高效地采集地层信息、认识地质结构，是寻找和探明油气资源储藏分布的重要前提。与传统资源勘探方法相比，地震波勘探技术在地层信息采集与油气勘探方面拥有极大优势[222,223]。因为地层介质的密度与弹性系数存在差异，在地面或井下通过人工方式激发出地震波在地层中传播，探测并分析地震波在地层中的传播规律及特征，即可推断出地下岩层的性质与形态分布。在地震波勘探中，地震波波长越大，对地层的穿透性越好，可以到达更深处的地层，探测到更深地层中的油气资源信息，所以野外实地勘探采用低频地震波信号。但是现场地震勘探成本太高、周期长，因此通过将资源储藏地质结构按照 $10^{-2} \sim 10^{-7}$ 的比例等比例缩小构造地震物理模型在实验室进行探测，这样可以有效地降低成本，并且操作简单，具有很好的重复性、稳定性以及可控性。由于是通过等比例缩小的方式构建地震物理模型，所以将现场勘探所使用的低频地震波波长也等比例缩小，因此在超声波波段对模型进行检测，所使用的超声波频率通常在 $10\text{kHz} \sim 10\text{MHz}$ 范围内，频率太小无法满足探测分辨率的要求，频率过大对模型探测意义不大。

4.1.1　地震物理模型制作流程

（1）模型设计

实际采集地区地质结构一般较为复杂，无论采用数值模拟还是物理模型模拟都不可能完全模拟复杂的实际地质构造。建立模型的关键就要抓重点问题、舍弃多余枝节，以最简单的方法解决问题。这就要求地震物理模型在设计须将实际构造简单化、重点化、抽象化[224]。不管模型如何简化，构建的模型须反映实际地区的地表和地层结构。模型相似性原理主要体现在地震模型的模拟比例因子，即在模拟地震波传输特征时必须满足几何形状相似比例。模拟动力学特征时还须满足动力学的相似性，如振幅、频率衰减、相位、能量参数等。但是找到合适的速度材料来模拟各种地层速度参数，且能较好控制模型几何尺寸非常困难。若模型做得过大、过厚便无法测量，因此在确定比例因子时须适当考虑材料速度和模型层厚度的互相转换。在设计模型时，须考虑实际的测试情况（换能器探头直接放在模型表面上测试）因此地表局部高度差变化不能太大。目前换能器压电晶片直径均在 3mm 以上，做成后直径 4mm 将无法与模型表面直接耦合从而影响测试质量。而直径 1mm 左右的压电晶片做成后，发射功率较小无法满足需要。

（2）模型材料配制

根据设计要求确定每层材料的选用，一种用现有固体材料如各种自然岩石、合成代木、有机玻璃等，这些材料速度较高一般在 2300m/s 以上，需专用设备加工。另一种易加工如硅橡胶、石蜡、石膏等，但单一材料速度变化范围有限。目前常用的是速度变化可控的复合材料，此类材料的速度变化可通过不同配比来进行控制。大多使用的是通过环氧树脂与硅橡胶之间不同比例来达到多种速度，环氧树脂所含比例多则速度较高[225]。为了减少材料的超声波衰减，在混合前需对环氧树脂加入稀释剂抽真空去掉树脂内空气。稀释剂可用丙酮或二丁酯等。丙酮稀释性好但沸点低环氧固化时容易沸腾。在配制复合材料时，可用一些辅助材料如固化剂、除泡剂、增塑剂、氢氧化铝粉等，根据不同需要达到不同效果。可用 HVC-4 型真空注型机自动搅拌和浇注，目前配制所能达到的复合材料速度范围为 1000~2800m/s。考虑层与层之间耦合问题，一般是将固体材料和复合材料混合使用或全用复合材料。

（3）模型成形加工

通常是根据模型形态预制多个模具，然后利用复合材料逐层浇注。这种方法相对精度较低、脱模困难、周期长。随着数据处理和测试设备精度不断提高，对模型成形精度和起伏地表地层的复杂程度也越高，用单一模具浇注的方法很难满足要求。目前对制作要求较高的复杂地表地层模型可用精密伺服雕刻机来精雕制作[226]。其基本方法是逐层浇注，逐层精雕加工。对于某些相似性模型地表起伏相当复杂的模型雕刻效果很好。

4.1.2 典型地震物理模型

最初的构造模型都比较单一，主要用来分析与认识各种典型地质体的波场响应特征，如背斜模型、向斜模型、倾斜层模型，以及各种角度的断层模型以及进行绕射波、折射波、振幅分析等特征的模型[227]。图 4.1 即为两种简单的物理模型示意图及模型实验观测记录。这类模型虽然简单但却能把地震解释工作所必须要了解的一些典型地质结构的波场特征形象地展示给人们。

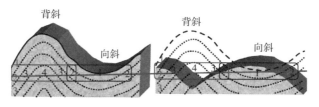

图 4.1　典型地震物理模型[227]

4.1.3　地震物理模型成像的震源和接收器

就物理模型技术的震源而言，从 Kaufman 和 Roever(1951)开始，大多数实验人员选择压电换能器，有时候用电火花震源(Hilterman，1970；Kaufman 和 Roever，1951)。但是为了保证发射与接收信号的一致性，研究人员经常把压电换能器既作为发射器，也作为接收器(Riznichenko，1966；O'Brien 和 Symes，1971)[228-233]。压电换能器的发展得益于压电陶瓷的发展，20 世纪 60 年代研制出了以锆钛酸铅为代表的 PZT，这种压电材料具有较好的压电性能、较高的机电耦合系数，但其阻抗高。而物理模型实验中的负载声阻抗(水、有机玻璃、岩石)都较低，很难得到匹配，严重影响换能器信号的带宽和能量。20 世纪 70 年代，高分子电材料如聚偏乙烯(PVDF)得以发展，其具有柔性好、阻抗低等特点，很好地克服了阻抗匹配的问题。但由于其阻抗小、本身机械损耗高，使得其发射功率低，且其共振频率高、辐射方向性强，使其在地震物理模型中很难得到广泛的应用。日本学者北山中村于 1972 年首先将 PVDF 和 $BaTiO_3$ 的柔性材料复合[234]。1978 年 R. E. Newnham 和 D. P. Skinner 两位学者对压电复合材料从理论和实验上进行研究，提出了复合材料连通性的概念，为复合材料的研制和发展做出了重要贡献[235]。80 年代以后复合材料得到了较快的发展，先后研制出了多种类型的压电超声换能器。光纤超声传感器可以实现远距离信号传输，具有较强的耐高温、耐腐蚀能力，不受电磁干扰，动态范围宽等。因此，光纤超声传感器以其突出的优势具有极大的潜力取代 PZT。

4.2 迈克尔逊(Michelson)干涉结构的光纤超声波传感器

光纤 MI 的干涉光强度取决于参考臂和传感臂反射光之间的相位差。外界环境参量如温度、压力等的变化会改变两臂反射光之间的相位差,从而导致探测到的干涉信号强度发生对应的改变。因此,对 MI 结构而言,外界温度和压力都很容易改变该结构的光程差。

4.2.1 Michelson 干涉结构的传感机制

MI 属于双光束干涉,它的基本原理如第 1 章所叙述:激光发出的相干光分别进入两根长度相近的 SMF 里,当传输至两臂的尽头时这两束光分别在其端面反射,最后会在输出端叠加最终产生干涉效应。通过双光束干涉原理我们可知,干涉场的光强为:

$$I \propto (1 + \cos\delta) \tag{4.1}$$

当 $\delta = 2m\pi$ 时,干涉场的光强会达到极大值。式子中 m 代表干涉级次,且有:

$$m = \Delta L/\lambda \text{ 或 } m = \gamma\Delta t \tag{4.2}$$

因此根据上式可知,由外界环境变化而导致的相对光程差 ΔL 或相对光程时延 Δt(光纤中传播光频率 γ 或波长 λ 发生变化)都会引起 m 发生变化,从而导致干涉光谱的移动。最后,可以通过监测干涉光谱的改变来解调出外界环境物理量的变化。外界环境的变化如温度、压力等都会直接导致干涉仪中传感臂长度 L 和折射率 n 发生变化,它们分别对应着光纤的弹性变形和光纤的弹光效应。又因为:

$$\varphi = \beta L \tag{4.3}$$

则

$$\Delta\varphi = \beta\Delta L + L\Delta\beta = \beta L \frac{\Delta L}{L} + L \frac{\delta\beta}{\delta n}\Delta n + L \frac{\delta\beta}{\delta D}\Delta D \tag{4.4}$$

式中,β 代表光纤的传播常数;L 代表光纤的长度;n 代表光纤材料的折射率;ΔD 即光纤直径的变化,代表波导效应,一般情况下,由直径的变化所引起的相移变化比前两项要小两三个数量级,因此在理论计算中可以略去。

式(4.4)是基于 MI 光纤传感器等因外界因素引起的相位变化的一般表达式。MI 是建立在双波干涉机理基础上的。根据干涉理论,两个干涉峰之间的 FSR 可以表示为[236]：

$$FSR = \frac{\lambda^2}{n\Delta L} \tag{4.5}$$

式中，n 是光纤的折射率；ΔL 是传感器参考臂和传感臂的长度差；λ 是传感器的工作波长。

从式(4.5)中可以看出，传感器干涉光谱的自由光谱范围与其波长的平方成正比，而与折射率和两臂间的长度差成反比。因此，在传感器设计时可以通过精确地控制两臂之间的长度差来获得具有特定 FSR 的传感器。在实验中，两个干涉峰之间的距离(波长位置差)较为紧密(线性斜边斜率大)，因此该传感器具有较高的响应灵敏度。当应变作用于 MI 的传感臂时，两臂间的长度差和折射率都会相应发生变化，从而导致干涉光谱的漂移[237]。因此，在理论上 MI 结构具有有效探测超声波的能力。

4.2.2　Michelson 干涉结构的设计与封装

由于稳定性高、尺寸小和制作简单等优点，光纤 MI 通过解调干涉波长变化的信息被广泛应用于各种物理参量的测量，如振动、折射率和磁场。超声波的光学检测基础是其所导致的压力变化，而在介质传输的光场中，压力的变化也会导致其相位发生变化[238]。因此，光纤 MI 可以被用来高效地检测超声波。另外小尺寸和紧凑的结构使得光纤 MI 能够作为一种高精度的地震物理模型超声成像探头。

在本节中，我们所提出的传感器是基于典型的 MI 结构。它是由一个 1×2 的耦合器所构成其中包括1cm 长的参考臂和3cm 长的探测臂。通过数学计算的结果可知：参考臂和探测壁之间长度差的变化会引起传感器干涉谱线发生变化。当两臂间的长度差增大时，会导致两臂间的相位差增大从而使得传感器干涉谱的自由光谱范围减小，最终可以观察到传感器干涉光谱带宽变窄。对边带滤波技术解调法而言(该结构所使用的解调方法)，尽管窄的带宽可以间接提高传感器的灵敏度，但两臂间较大的长度差也会导致传感器干涉光谱的条纹对比度减小、稳定性变差和温度交叉灵敏度增大。这些缺点会限制传感器性能(超声波检测的动态范围和重复性)和应用领域(需要一个稳定的温度场)。因此，在具体应用中，为满足实际需求，科研人员应该选择具有合适两臂长度差的 MI 型传感器。在本章中，通过反复试验，最终确定了两臂间的长度差。利用该参数所制作而成的传感器在本实验中具有较高的信噪比。由于普通的 SMF 其端面反射率仅有 4%，这导致通过 SMF(参考臂和探测臂)端面反射回来的光之间的干涉强度无法达到 PD 的动态探测范围。为了提高 SMF 的端面反射率(使其反射光的干涉强度处于 PD 的动态探测范围),我们采用磁控溅射技术分别在参考臂和传感臂的端面上涂覆金膜。基于 MI 型传感器对超声波场的响应主要表现为相位差的变化,即为以下两部分贡献的总和:

(1)在应变波作用下对光纤传感区域的长度进行调制(假设没有剪切应变);

(2)弹光效应引起的折射率变化(该变化较小可以忽略)。

众所周知,在相同的应变作用的情况下,随着传感器传感臂直径的减小会导致传感臂长度变化增大。理论上,虽然腐蚀操作可以减小传感臂的直径进而提高传感器的灵敏度,但是在实际中腐蚀区域直径的减小也会导致传感区域的机械强度变弱。因此,在传感器的制作中为了将腐蚀后的传感臂固定于倾斜的聚丙烯管上并保持该结构的稳定性,充当传感臂的 SMF 的腐蚀时间最终被确定为 50min。图 4.2 为腐蚀后的传感区域的显微图,其直径为 25.6μm。接着,将制好的传感结构固定在一个直径为 5mm 且倾斜角度为 45°的聚丙烯圆柱管上。在具体操作时,将施加有预应力的传感臂两侧用环氧树脂胶粘在倾斜聚丙烯管的端面上以提高传感器的应变响应灵敏度。而传感器的参考臂通过两端点胶的方法被固定在圆柱管内以避免其受超声波的影响。同时将具有一定厚度的环氧树脂与钨粉混合涂覆在聚丙烯管上,这不仅可以稳定尾纤,而且可以吸收残余的超声场。图 4.3 和图 4.4 分别为传感器的封装结构示意图和制作成功的传感器实物图。在图 4.3 中,短线和长线分别代表传感器的参考臂和传感臂。在图 4.4 中,通过用两端点胶的方式将传感器两臂固定可使传感臂光纤与超声波更好地耦合并且能有效避免啁啾。

在此基础上,利用宽带光源和光谱仪对传感器的反射光谱进行了表征。首先光源发出的光通过 3dB 耦合器的一端耦合至光纤中,然后通过镀有金膜的参考臂和传感臂端面进行反射。由于两臂之间存在特定的长度差(导致了相位差),从而可以得到一个较好的干涉光谱,如图 4.5 所示。

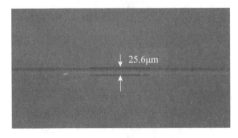

图 4.2　传感臂腐蚀区域显微图

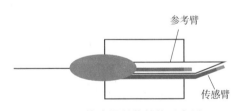

图 4.3　传感器封装结构示意图

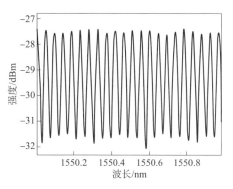

图4.4 传感器实物图

图4.5 实验中所测量的传感器干涉谱线

4.2.3 Michelson 干涉结构的超声波探测实验

（1）超声波探测系统搭建

光纤超声波检测系统都包括以下三个部分：由电压驱动源和 PZT 组成的超声波发射源；由激光器、光纤传感器、传导光纤组成的光纤传感模块；由光电探测器、示波器、数据分析组成的解调模块。具体的系统原理如图4.6所示，将波长调谐范围为160nm（1480～1640nm）的激光器（Santec，SL710）作为光源，其线宽和分辨率分别为100kHz和0.1pm。激光从可调谐激光器输出并将其保持在干涉谱线任一侧的最大斜率处。反射的光经过环形器被传输到传感探头。接着，传感器的反射光强信号经由 PD（New Focus，带宽为10MHz）转变为电压信号，最后传输至示波器进行分析。另外，由信号发生器（Tektronix，AFG3022C，电压20V）和脉冲发生器（OLYMPUS，5077PR，电压100～400V，频率100kHz～10MHz）驱动的 PZT 分别作为超声波信号源，发射幅频可调的正弦或脉冲型超声波。将上述检测系统应用于地震物理模型超声扫描探测和成像时，还需要添加自动扫描装置进行数据的自动采集。所需要的主要器件包括：水箱、待测物理模型、电动位移台（精细调整光纤传感器和 PZT 之间的距离并可以同时移动扫描，精度可达2μm）。同时，为了减小超声波的传输损耗增大超声波耦合至传感器的效率，整个超声波探测扫描实验均在水中进行。在扫描过程中，光纤传感探头被固定在旋转器上，以方便调整超声波探测的方向。根据传感器探测不同频率和强度超声波有效距离，在本实验中光纤传感器与 PZT 均浸于水中。它们位于物理模型正上方大约1～10cm处。在整个扫描成像过程中，电动位移控制台以每步1mm距离移动，可实现准连续的超声波扫描探测。

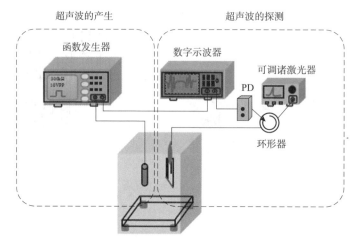

图 4.6　光纤超声波检测系统原理图

（2）地震物理模型的制作

作为地震勘探领域的一项基础研究工作——地震物理模型早在 20 世纪 20 年代已被人们认识。在当时，超声波模拟地震波的设想（利用小尺度的模型来研究地震问题）就已经被英国物理学家 E. C. Bullard 提出。70 年代以后，随着计算机技术的迅猛发展促使物理模型可与其紧密联系，实现了数字化的数据记录，这促使模拟地震波可以得到与户外地震生产一致的数据，推动了模型实验与实际生产紧密相连。地震物理模型超声波检测实验的中心思想是通过监测超声波在地震物理模型中的传播规律从而可以推断出地震波在实际地层中的传播规律和特征。考虑到实用超声波频率范围与地震勘探中地震波频率范围的差异，根据物理模型的相似准则，通常情况下都选用 $10^{-2} \sim 10^{-7}$ 尺度的地震物理模型来模拟实际的地层结构。最初构造模型的结构较为单一，此举的主要目的是获取各种较为典型地质结构的超声波响应规律，如倾斜层模型和各种角度的断层模型等。图 4.7 为自制的简单物理模型示意图，它是通过将两个尺寸分别为 50cm×50cm×7cm 和 23cm×20cm×5cm 长方体有机玻璃叠放在一起而构成的。为了避免这两个物理模型之间

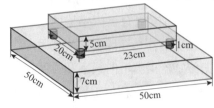

图 4.7　自制地震物理模型示意图

的反射信号叠加，在两个物理模型之间夹入四个深度为 1cm 铜圆柱体。尽管该地震物理模型比较简单，但仍能揭示简单地质结构中超声波的传播规律。

（3）Michelson 干涉结构对 300KHz 脉冲和连续超声波的响应

首先，测试了在水中该光纤传感器对脉冲超声波的响应情况。在实验中，PZT 被驱动电压为 300V、频率为 300kHz 的脉冲方波所驱动发出超声波，如图 4.8 中同步触发信号所示。超声波在水中传播，直到超声波信号传播到水与地震物理模型界面时，一部分超声波信号被反射回传感臂，通过 PD 接收并转换成为电子信号，另一部分超声波信号被折射后传输至下一个界面。传感器对所探测到反射超声波信号如图 4.8 所示。在图 4.8 中，可以明显地观测到五个脉冲超声波信号。根据推断可知，第一个信号应该为直达波，最后四个脉冲超声波信号应该来自两个地震物理模型的四个表面所反射的超声波信号。由于超声波在水中和有机玻璃中的传播速度不同(分别为 1.48km/s 和 2.7km/s)。根据位移时间的公式，从理论上讲超声反射波的传播时间分别是 95μs、132μs、145.5μs 和 197.35μs。计算结果与图 4.8 实验结果的传播时间非常吻合。尽管如此，在图 4.8 中仍有不少噪声信号，具体产生原因将在下节分析。为了进一步分析时间响应特性，将图 4.8 中的时域探测结果通过傅里叶变换为空间频率，如图 4.9 所示。可以看出，该传感器的主频响约为 300kHz，这与 PZT 的频率谐振点相一致。

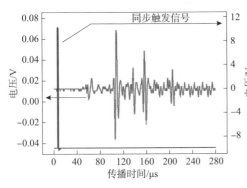

图 4.8　传感器对物理模型反射的 300kHz 脉冲超声波的响应

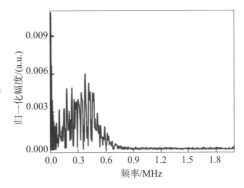

图 4.9　频谱图

此外，该传感器还可以在水中有效地检测到连续的正弦超声波信号。在实验中，将 PZT 与传感器正对放置以提高耦合效率。结果如图 4.10 所示，它表明该传感器能够对连续的正弦超声信号做出准确的响应。因此，该传感器具有较高的超声波响应灵敏度，可以检测连续和

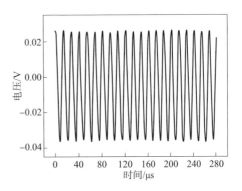

图 4.10　传感器对 300kHz 连续正弦信号的响应

脉冲超声波信号。

（4）Michelson 干涉结构的稳定性研究

传感器是否具有可靠的稳定性是该器件能否实际应用的关键，也是测量结果真实性的保证。影响传感器长期稳定性的因素除传感器本身结构外，还有很多其他原因。在传感系统中任何环节出现的问题都会影响到传感器的稳定性，从而使得测量结果的准确性降低。为了验证该传感器的时效性，实验中用同一传感器在不同时间点分别对 300kHz 的脉冲超声波进行了探测，其探测结果分别如图 4.11 所示。通过观察可以发现，不同时刻检测到的信号幅值分别为 0.095V、0.096V、0.097V，这仅有 2% 的误差。因此该传感器具有良好的稳定性。

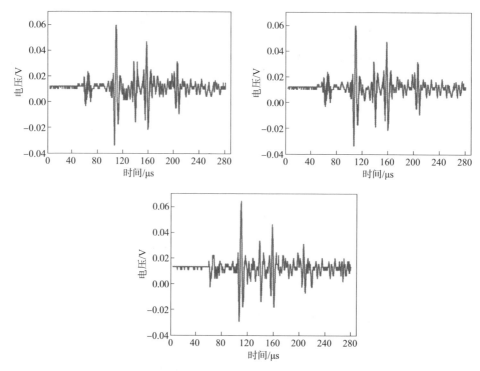

图 4.11　在不同时间点传感器对 300kHz 脉冲超声波的响应

（5）Michelson 干涉结构的方向性研究

在实际的成像实验中，反射回来的超声波并非只沿着单个固定方向传播，因此若传感器具有方向辨别能力，则有利于获取地震物理模型更加真实的内部结构信息。在实验中，为了验证该传感器的方向识别能力，将传感器位置固定，并通过不断旋转 PZT 的位置以改变超声波进入传感器探头的位置[239]。其中，将 PZT 直接正面对着传感器倾斜端面的位置设置为原点 0°。旋转的角度范围是 0°～360°，

步长为20°。为了保证实验结果
的准确性，在整个旋转过程中超
声波的入射角都是相同的(垂直
于地震物理模型)。测试结果如
图4.12所示，它表示超声波信
号的灵敏度随旋转角度的变化关
系。在超声波检测中，超声波在
光纤任一方向引起沿光纤应变传
感区域的变化都会对传感光纤的
折射率和长度产生一定的影响，
从而导致干涉谱线的波长发生偏
移。这是因为该感区域仅仅位

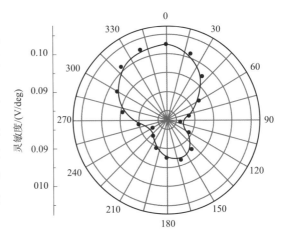

图4.12　传感器对来自不同方向超声波的灵敏度

于倾斜管表面的一侧，它主导着非对称超声场的耦合和损耗，因此会表现出一个
强方向相关的响应。由图4.12可以看出，由于不对称的封装结构，所提出传感
器的超声波灵敏度在很大程度上取决于旋转角度的大小。超声波可以在旋转角度
为0°时直接耦合到传感器上，则可获得超声波灵敏度的最大值。但是对于其他旋
转角度而言，超声波在不同程度上耦合到聚丙烯管，其中的一部分也会被聚丙烯
管表面的环氧树脂胶吸收，剩余的超声波才会直接或间接地作用在传感臂上被探
测。尽管如此，以下两个主要因素仍会导致图4.12的结果存在一些误差：传感
器机械的旋转过程——旋转误差；传感器和PZT固定于聚丙烯管上的人工操
作——导致传感器并非严格正对PZT。

4.2.4　实验结果分析

光纤超声波传感器的探测灵敏度由传感器长度与超声波波长之比来决定。当
传感器长度与超声波波长的比值大于1时，光纤超声波传感器的灵敏度较高。因
此，当使用高频超声波的检测时，需要尽量减小光纤传感区域的尺寸以提高灵敏
度。在本节中，所提出传感器的传感区域长度为$100\mu m$，理论上可以实现对频率
小于3.5MHz的超声波进行高灵敏度探测。

根据声学的基本知识，PZT所发出的超声波，其压力分布就像花瓣形状。换
句话说，换能器所发出的超声波并不能严格沿PZT轴向传播。超声场的指向性是
由集中辐射超声波束沿轴向的特性决定，可以表示为[240]：

$$D(\theta) = \frac{(P_A)_\theta}{(P_A)_{\theta=0}} = \left| \frac{2J_1(ka\sin\theta)}{ka\sin\theta} \right| \tag{4.6}$$

式中，k 是波束；a 为 PZT 的半径。

式(4.6)结果表明，随着超声波频率的增加，指向性会变得明显得多(小的方向角)，而沿 PZT 轴向超声波信号最强。以不同角度偏离换能器轴线所发出的超声波一部分也可以从地震物理模型结构中散射回来，从而出现在探测结果中，即噪声。另外，产生噪声还可能有以下原因：

(1)在地震物理模型中，背景噪声主要是由于模式转换引起的；

(2)其他物体表面的反射，包括水箱底部、水箱侧面和四个铜柱的反射，也造成了噪声的增加；

(3)地震物理模型的材料并非绝对均匀，当超声波信号通过地震物理模型时，其传播速度和折射也会发生相应变化；

(4)PZT 所发出的超声波不是严格单频的，其他频率的信号也可能会与预期的超声波信号重叠，造成噪声。

但是，上述分析的可能原因所造成的噪声都较弱，并不会淹没实际的超声波信号。为了提高传感器的信噪比，获取更加清晰的超声波信号，应进一步将滤波技术用于后期的数据处理以抑制噪声。

4.2.5　本节小结

本节设计并制作了一种基于 MI 的光纤超声波传感器。为了提高传感器的性能，对传感器进行了两种特殊处理：

(1)腐蚀传感器的传感臂以提高超声波灵敏度；

(2)在传感臂和参考臂端面涂覆金膜以提高光纤端面的反射率。

最后用两点点胶的方式将传感器封装在倾斜角度为 45° 的倾斜聚丙烯管上。同时将具有一定厚度的环氧树脂胶与钨粉混合涂覆在聚丙烯管上，以稳定尾纤，吸收残余超声场。在实验中，通过配合使用边带滤波技术，传感器可以对频率为 300kHz 的连续和脉冲超声波信号进行检测。检测结果显示，该传感器在水箱中可检测到地震物理模型的反射超声波信号。此外，由于传感器封装结构的不对称，它具有很强的方向依赖性，使传感器可以用于矢量的超声波检测。该传感器结构稳定、制作简单且灵敏度较高(信噪比为 15.56dB)，有应用于地震物理模型超声波成像中的潜力。

4.3 空气微泡型法布里 – 珀罗干涉结构的光纤 超声波传感器

光纤 FP 干涉仪是由两个端面具有高反射膜的一段光纤构成。此高反膜不仅能够直接镀在干涉仪的光纤端面上，而且也可以把镀有高反膜的基片粘贴在干涉仪的光纤端面上。光纤 FP 干涉仪结构紧凑的优点使它可以用于探测宽频带的高频超声波[241]。到目前为止，通过丰富的光纤预处理技术可以制作出多种 FP 干涉仪，例如蚀刻加工、激光微加工、薄膜敷层、与 HCF 拼接等[242-245]。尽管这些器件在超声波检测中表现出了较好的性能，但其仍具有制造工艺复杂和机械强度较差的缺点。在实际应用中，这仍需要进一步的提高。为了实现地震物理模型的超声波精细成像，不仅需要压缩干涉光谱中的带宽，提高输出 SNR，更重要的是减小传感器的尺寸，最终实现高频超声波的检测。

4.3.1 空气微泡型 FP 干涉结构的光纤超声波传感器

边带滤波技术是一种简单、低成本的高频超声波检测的解调技术。该技术的关键是找到传感器线性谱的边带。FBG 可以提供较窄带宽的单谐振光谱，因此其在超声波检测领域引起了广泛的关注[246-249]。为了进一步提高灵敏度，提出了将具有更窄带宽的 PS – FBG 用于超声波的检测来代替 FBG。当基于 FBG 的传感器工作时，检测到的超声波频率会受其长度的限制(FBG 只对波长小于光栅长度的超声波敏感)。而基于 FP 干涉结构的传感器能够在实现高频超声波检测的前提下，减小传感器的尺寸，这非常符合地震物理模型精细结构成像的需求。

(1)传感器的传感机制

图 4.13 是 FP 干涉结构的模拟光谱。根据多波干涉原理知，传感器的输出光谱强度可以表示为：

$$
\begin{aligned}
I &= I_1 + I_2 + I_3 - 2\sqrt{I_1 I_2}\cos\Delta\varphi_1 - 2\sqrt{I_2 I_3}\cos\Delta\varphi_2 + 2\sqrt{I_1 I_3}\cos\Delta\varphi_3 \\
&= I_1 + I_2 + I_3 - 2\sqrt{I_1 I_2}\cos\left(\frac{4\pi}{\lambda}n_{air}L + \varphi_1\right) - 2\sqrt{I_2 I_3}\cos\left(\frac{4\pi}{\lambda}n_{cladding}t + \varphi_2\right) \quad (4.7) \\
&\quad + 2\sqrt{I_1 I_3}\cos\left[\frac{4\pi}{\lambda}(n_{air}L + n_{cladding}t) + \varphi_3\right]
\end{aligned}
$$

式中，I_1、I_2、I_3 是三个界面反射的光强；n_{air} 和 $n_{cladding}$ 分别是纤芯和包层的折射率；φ_1、φ_2、φ_3 是初始相位；t 是空气微泡的厚度；L 是空气微泡的长度。

当超声压作用到传感器上时，干涉光谱的波长呈现如图 4.14 所示。

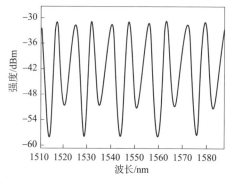

图 4.13　干涉图样模拟结果

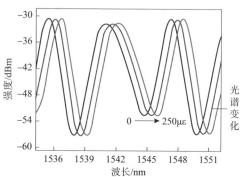

图 4.14　基于空气微泡的 FPI 在拉伸应
变增大时的反射光谱的变化

此时，传感器的相位可以表示为：

$$\frac{\mathrm{d}\lambda}{\mathrm{d}p} = \frac{\lambda}{L}\frac{\mathrm{d}L}{\mathrm{d}P} + \frac{1}{n_{\mathrm{eff}}}\frac{d_{\mathrm{neff}}}{\mathrm{d}P} \tag{4.8}$$

第一项指的是腔长变化，第二项指的是指数变化。为了简化讨论，我们只考虑可以调制的那一项即传感光纤的长度（通过轴向长度来调制），而忽略了弹性光学效应。

$$\frac{\mathrm{d}\lambda}{\mathrm{d}p} = \frac{\lambda}{L}\frac{\mathrm{d}L}{\mathrm{d}P} \tag{4.9}$$

实际上，超声压力作用的主要函数是空气微腔的长度，可以表示为：

$$\Delta L = \frac{3(1-\nu^2)r^4}{16Et^3}\Delta P \tag{4.10}$$

式中，ν 是空气微腔的泊松比；E 为空气微腔的杨氏模量；r 为空气微腔的有效半径。

根据式（4.9）和式（4.10），推导出传感器的声学压力灵敏度为：

$$\frac{\mathrm{d}\lambda}{\mathrm{d}p} = \frac{\lambda}{L}\frac{3(1-\nu^2)r^4}{16Et^3} \tag{4.11}$$

由式（4.11）可知，声学压力灵敏度和空气微泡型传感器有效半径的四倍成正比，而和空气微泡厚度的三倍成反比。因此，在超声波探测中，为了提高传感器的灵敏度，有必要使用大半径且薄厚度的空气微泡。

（2）传感器的设计和制作

该传感器是基于典型的 FPI，空气微泡的具体制作过程如下：首先将一段长为 $300\mu m$ 的 HCF（其纤芯和包层的直径分别为 $100\mu m$ 和 $250\mu m$）与一段 SMF 熔接在一起。其放电功率和放电时间分别为 -40 bit 和 4500 ms。接着对 HCF 处进行多次放电操作，由于温度升高会导致在 HCF 中空气不断膨胀，最终会在 SMF 端面形成

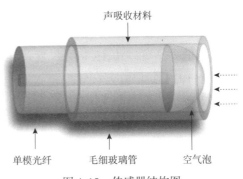

图 4.15　传感器结构图

一个圆形的微小空气泡。图 4.15 和图 4.16 分别给出了基于微泡的 FPI 结构图和传感原理图。FPI 的干涉光谱可以通过在两个平面处反射的双光束来实现。根据图 4.16 所示，总电场 E_r 可以表示为[250]：

$$E_r \approx \sqrt{R_1}E_i e^{i\pi} + (1-A_1)(1-R_1)(1-\alpha) \times \sqrt{R_2}E_i \exp(-j2\beta L) \quad (4.12)$$

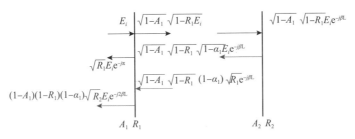

图 4.16　传感器原理图

式中，E_i 代表输入电场；A_1 代表第一个反射面的透射损耗系数；β 是空气微泡内的传播常数；α 是空气微泡腔内的损耗。

图 4.17　空气微腔的显微图

如图 4.17 所示，空气微泡的长度、壁厚大约为 $120\mu m$ 和 $13\mu m$。最后我们把制作好的传感器放置于内径为 0.15 mm，外径为 1 mm 的毛细管中进行封装。如图 4.17 所示，在毛细玻璃管内表面涂上具有一定厚度的钨粉与环氧

树脂胶混合而制成的黏结剂来粘贴传感器，以吸收残余超声波。

在制作空气微腔的过程中，熔接机上放电次数和 HCF 的长度都会影响传

感器的光谱。由图 4.18 可以看出，随着放电次数的增加，光谱的条纹对比度增大了。这是因为在放电操作中，空气微腔的内表面变得光滑，使得光的反射率增加，最终产生了预期的干涉光谱。此外，HCF 长度的选择也是非常重要的，因为气泡的大小可以由 HCF 的长度决定。图 4.19 为在标准大气压和室温下，不同长度 HCF 在 1.51 ~ 1.582μm 波长范围内所形成气泡的反射光谱。从实验结果可以看出，光谱的 FSR 有明显的减小。然而，随着 HCF 长度从 400μm 到 250μm 变化时，光谱的强度也相应地呈现出下降，这可以归结为壁厚的增加。通过反复实验、比较和分析，根据消光比和 FSR 两个参数，最终我们选择使用长度为 250μm 的 HCF 来制作空气微泡，得到了一个清晰的干涉谱。为了进一步分析干涉光谱的特性，通过傅里叶变换将波长谱变为空间频率，如图 4.20 所示。结果表明，不仅有 SMF 端面反射的纤芯模与空气微腔内表面反射光的纤芯模参与了干涉，而且低阶的包层模也参与了干涉。此外，由于空气微泡的壁较薄，部分光可能也会被空气微泡外表面反射回来最终进入 SMF，从而参与了最终的干涉。这种分析实际上与实验上其非均匀干涉光谱十分吻合的。根据上述分析，模拟仿真了传感器的干涉光谱图如图 4.13 所示，它与实验结果吻合得很好。无论这些微弱的调制存在与否，超声波检测只是要获得较大的光谱边带斜率。

为了验证该传感器制作的重复性，在不同时刻使用相同实验参数来制作此类传感器干涉光谱如图 4.21 所示。我们可以看出：两个干涉光谱在干涉位置和能量上几乎保持一致。该传感器制作简单，而且当实验参数确定时，易于重复制作。

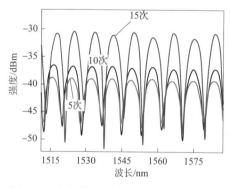

图 4.18　不同放电时间下传感器的光谱图

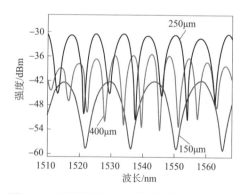

图 4.19　不同长度 HCF 制成的传感器光谱图

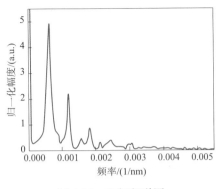

图4.20 空间频谱图

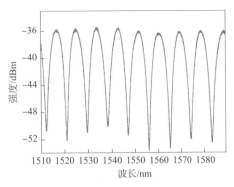

图4.21 不同时间，相同参数下
所制作出传感器的干涉光谱

（3）超声波测试和地震物理模型二维扫描成像实验

FPI 的光纤超声波检测系统原理与第 3 章介绍的相似，其原理图如图 4.22 所示。仍采用边带滤波技术进行超声波解调。使波长可调谐激光器发出的光处于干涉光谱的一个线性侧斜率处，当超声波作用在传感器上，干涉光谱发生变化，通过 PD 将反射光信号转化为电信号并检测电信号的变化以得到超声波的信息。由峰值电压为 20V 的函数发生器 PZT（单晶纵波探头）作为超声源来发出频率为 1MHz 的超声波。探测物为两个堆叠在一起高度分别为 5cm 和 3cm 的长方体地震物理模型。为了降低传播损耗，所有的实验都在水中进行。

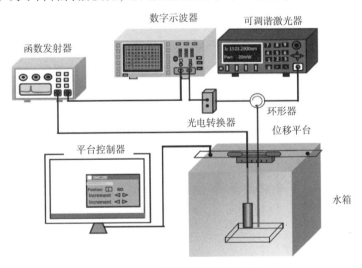

图4.22 超声波探测系统示意图

传感器对超声波的响应特性如下所述：PZT 与传感器相结合后，传感器就可以高信噪比地检测到物理模型界面反射的超声信号。图 4.23 为 1MHz 连续超声信号作用在被测地震物理模型上的相应，通过将其转化为频谱，可得到一个频率为1MHz的单一信号(图4.24)，它与PZT发出超声波的频率吻合。

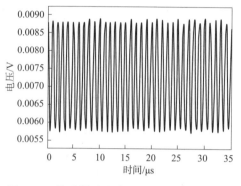

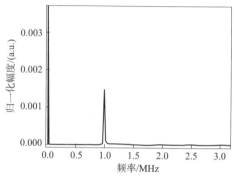

图4.23　传感器对连续正弦超声波信号响应

图4.24　空间频率

　　为了探测地震物理模型的分层信息，使用1MHz的脉冲超声作为源，并通过传感器来检测其反射信号，结果如图4.25所示。由图可以看到清晰的超声波信号，其中包括水箱的上表面和两个下表面。当超声波信号传播到水与物理模型界面时，一部分超声波被反射回空气微泡，被PD接收并转换成电信号，另一部分超声波波被折射后继续传输到下一个界面。由于超声波在水中和地震物理模型中是不同的(分别为1.48km/s和2.7km/s)。从理论上讲，通过计算超声反射波的传播时间分别是98μs、141μs和168μs，这与图4.25所示实验检测结果一致。但使用该结构在对地震物理模型成像时，仍需要对图4.25这些噪声信号进行滤波。

　　此外，该传感器还可以测量3.5MHz、5.5MHz和7.5MHz的高频超声波，其结果如图4.26~图4.28所示。这个实验结果表明：该传感器具有测量宽频段超声波的能力。

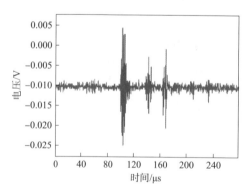

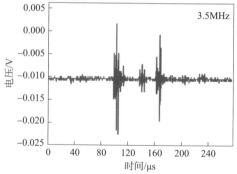

图4.25　传感器对脉冲信号作用在两种
　　　　物理模型反射的响应

图4.26　传感器对频率为3.5MHz
　　　　脉冲超声波的响应

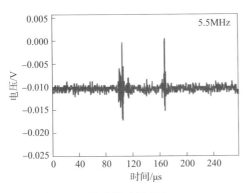

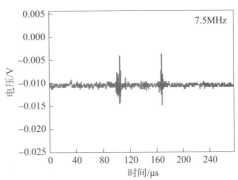

图 4.27　传感器对频率为 5.5MHz
脉冲超声波的响应

图 4.28　传感器对频率为 7.5MHz
脉冲超声波的响应

在对传感器探头性能研究后，将传感器应用于地震物理模型成像中。待测地震物理模型的结构如图 4.29 所示，长、宽分别为 13cm 和 13cm 的凹块，位于 50cm×50cm 矩形有机玻璃块中。地震物理模型被放置在水箱里。PZT 和光纤传感器被固定在同一个空间分辨率为 2μm 电动位移平台上沿红线进行点对点的扫描。PZT 与传感器之间的距离为 3cm，模型与传感器之间的水隙为 5cm。图 4.30 为将探测到的超声波信号重建后得到的地震物理模型的结构图。在图 4.30 中可以观察到矩形凹坑和矩形物理模型的上表面且边缘分离得十分清晰。此外，还可以通过超声传播速度和时间得到缺陷的具体厚度和位置信息。在本实验中，我们使用了一个接近 1MHz 的带通滤波器来去除来自周围频率和 PZT 共振所带来的噪声。此外，为了避免其他物体表面的反射，包括水箱的底部和侧面，在水箱的各个侧面都粘贴了吸声材料。因此，当超声波从聚焦换能器的轴向发射是不会产生观测到的噪声。即便如此，图 4.30 中还是存在一些噪声信号。一方面，可能由于地震物理模型中的模态转换。另一方面，也可能因为地震物理模型的材料并非绝对均匀，当超声波信号通过地震物理模型时，模型中的折射和声速会相应发生变化。但是，这些噪声较弱并不影响对有用超声波信号的提取。

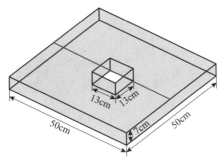

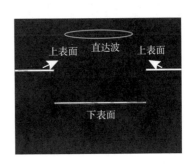

图 4.29　自制地震物理模型结构图　　图 4.30　物理模型的横向成像结果

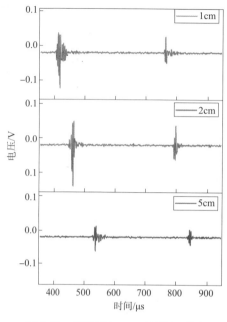

图 4.31　传感器与 PZT 的距离不同
（分别为 1cm、2cm、5cm），传感器
对频率为 1MHz 脉冲超声波的响应

（4）实验结果分析

在实验中，传感器与 PZT 之间距离的选择至关重要，尤其是在超声波成像部分。图 4.31 为在传感器与 PZT 距离分别为 1cm、2cm 和 5cm 时，传感器对频率为 1MHz 脉冲超声波的响应情况。在这三个图中，都可以看到物理模型的表面反射信号。尽管反射信号的振幅随距离的增加而减小，它仍然可以被清楚地识别，这意味着在利用反射超声波检测时，PZT 与传感器的有效响应距离应该大于 5cm。此外，反射信号的时延也会随着距离的增大而增大。信号的峰间电压作为传感器与 PZT 距离的函数关系如图 4.32 所示，图中两条线分别代表第一个反射信号和第二个反射信号。可以发现，两种反射信号的强度随距离的增大呈现先增大后逐渐减小的趋势。这是因为实验中采用了声聚焦 PZT，其近场超声压力分布较为复杂；而在远场中，由于超声的扩散和传输损耗，超声压力急剧下降。从图 4.33 可以看出，当距离为 2cm 时，声压达到最大值，这与图 4.28 的结果相吻合。因此，设置的距离应在超声压力（远场）的线性响应区域内。通过不断的实验和理论指导，最终确定传感器与 PZT 之间的距离为 3cm。

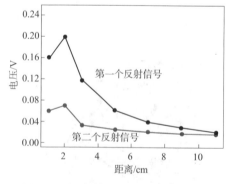

图 4.32　反射信号振幅随距离的变化

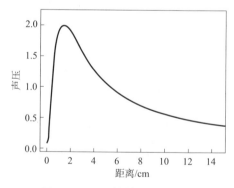

图 4.33　PZT 沿轴向声压分布

4.3.2 灵敏度增强的空气微泡型 FP 干涉结构的光纤超声波传感器

考虑到超声波传感器在地震物理模型成像中的实际应用(复杂地质构造传输过程中超声波的衰减、吸收和散射都较大),有必要进一步提高传感器的超声波灵敏度。基于膜片探针型光纤超声波传感器的压力灵敏度的定义为 FP 腔长变化与压力变化的比值,这与膜片的尺寸和机械性能有很大关系[251]。Bing Sun 提出了一个超紧凑的聚合物 FPI,其腔长为 35.1 μm。该传感器被证实其声压灵敏度为 1.13pm[252]。后来,一个由直径为 66 μm 厚度为 1.88 μm 石英膜片与单模光纤拼接形成的微腔被报道并且证实了其压力灵敏度为 1.49nm/psi(1psi = 6.89kPa)[253]。接着,Feng Xu 提出了一个基于银膜(厚度:130nm;直径:125 μm)的 EFPI 压力传感器,灵敏度可达 70.5nm/kPa[254]。从以往的报道中可以明显看出,提高压力灵敏度最有效的方法就是尽可能减小膜片的厚度。然而实际上当膜片过薄时,其力学性能较弱,也会限制灵敏度的提高。

在本节中,提出并在实验上验证了一种基于全硅 FPI(类似于微腔)的超声波传感器。该传感器是通过在具有载氢预处理的 HCF 处不断进行放电所制作而成的。在放电过程中,空气微泡中的氢气被不断加热,这不仅可以增大空气微泡的直径,而且可以光滑其表面。此外,氢键与二氧化硅的相互作用形成了杨氏模量较小的壁。因此,该传感器的压力灵敏度为高达 3600pm/MPa,是之前研究结果的 2 倍(未载氢处理时)。超声波检测和三维成像结果表明:在进一步优化数据的前提下,该传感器在复杂地质成像中具有潜在的应用前景。

(1)传感器的设计和制作

图 4.34(a)~(d)展示了所提出的基于 FPI 传感器的制作过程,主要包括四个步骤:首先,将一段 HCF 放置在如图 4.34(a)所示的氢气箱内,在压力为 1MPa,温度为 60℃下保存 14d。在此过程中,氢气分子(H_2)逐渐扩散到 HCF 中,形成了 Ge – OH、Si – OH、Si – H 和 Ge – H[图 4.34(e)]。接着将一段 SMF 和 HCF(空纤芯和包层的直径分别为 100 μm 和 250 μm)分别放置在 Fujikura 电弧熔接器的左右两电机处并对其进行熔接,如图 4.34(b)所示。在显微镜下切割 HCF,使得 HCF 的长度为 250 μm。最后,将 HCF 的端面放在 Fujikura 电弧熔接器左边或者右边的电机上并不断放电(放电功率:–40bits;放电时间:4500ms),直到薄壁空气微泡形成,如图 4.30(d)所示。在放电过程中,HCF 中的氢气分子

被加热并膨胀,与上节所述比较,形成了一个大尺寸、薄厚度、表面光滑的空气微泡(这也是本节的一个亮点)。

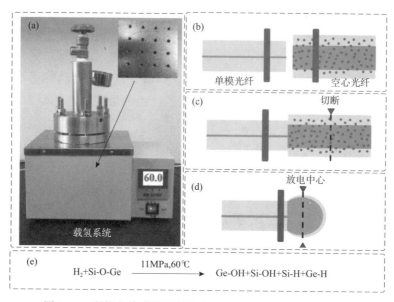

图 4.34　所提出传感器的制作过程(a)~(d)和反应方程(e)

如图 4.35 所示,空气微泡的长度和厚度分别约为 186μm 和 2μm。一旦制作好结构,就会得到一个较好的干涉光谱。图 4.36 为常温常压下使用不加氢 HCF 和加氢 HCF 制作而成的传感器在 1510~1610nm 波长范围内的反射光谱图。通过对比可以看出,所提出传感器光谱的消光比(从 21dBm 到 35dBm)和条纹对比度都得到了显著提高。由于气泡的光滑性,其主要的干涉图样也得到了改善。

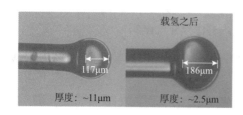

图 4.35　空气微腔显微图

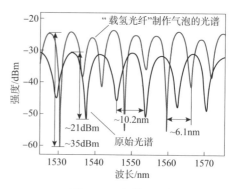

图 4.36　光谱对比

此外,空气微腔腔长的增加也会导致 FSR 从 10.2nm 降低到 6.1nm。这一结果与图4.38中FSR作为腔长函数理论计算的结果相一致。为了进一步分析两种干涉模式的特性,将图4.36中的波长光谱通过傅里叶变换为空间频率,如图4.37所示。可以清楚地看到,这些干涉光谱的产生是由于SMF端面和低阶包层模的核心模的反射。此外,部分光可能会被空气微泡腔的外表面反射而重新回到SMF也会导致非均匀干涉模式。

(2)传感器的工作原理

假设光照具有平坦的宽带光谱,且空气微泡中气体的折射率非常接近1,则传感器所输出光谱强度 I 为:

$$I = K \times \left[A_1^2 + A_2^2 + 2A_1A_2\cos(4\pi d/\lambda) \right] \tag{4.13}$$

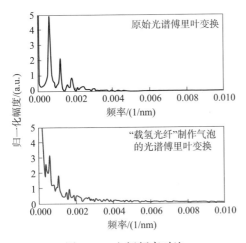

图4.37 空间频率对比

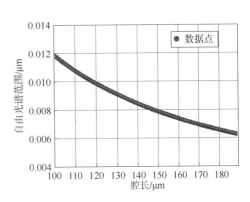

图4.38 FSR作为腔长函数的理论计算结果

式中,K 是一个常数;A_1 和 A_2 分别是两个干涉界面的电场幅度;λ 是光源的波长;d 是腔长。

当超声压力作用于所述传感器上时,波长会发生如下变化,可表示为:

$$\Delta\lambda = \frac{\lambda\Delta d}{d} \tag{4.14}$$

式中,Δd 是由硅壁面挠度引起的压力而导致其空气微腔长度的变化。如果假设空气微泡上的压力是各向同性的,这个变量可以表示为:

$$\Delta d = \frac{(1-\nu)R^2\Delta P}{2Et} \tag{4.15}$$

式中,ν、E、R、t 和 ΔP 分别为硅的泊松比、杨氏模量、空气微泡的半径、厚度以及压力变化。对熔融石英来说,$E = 73\text{GPa}$ 和 $\nu = 0.17$。图4.39显示了当空气微腔半径为 40 ~ 100μm 时，在一定气压下，空气微腔的厚度和空气微腔的长度变化的关系。可以清楚地看到，空气微腔的腔常随腔的半径增大而增大，而随着壁厚的减小而减小。值得注意的是，当泡壁的厚度小于 5μm，空气微腔长度的变化显著增加。

压力灵敏度可以定义为干涉光谱中波长的漂移（Δλ）造成空气微腔长度的变化，可以表示为[255]：

$$\frac{\Delta\lambda}{\Delta P} = \frac{\lambda d(1-\nu)}{4Et} \tag{4.16}$$

式中，d 和 λ 分别为空气微泡直径和工作波长（1550nm）。图 4.40 表示在空气微泡厚度为 2μm，4μm，6μm，8μm，10μm 和 12μm 时，随着空气微泡直径增大，空气微泡的灵敏度增大。仿真结果表明：在相同壁厚的情况下，具有大直径空气微泡的传感器对压力灵敏度较高。

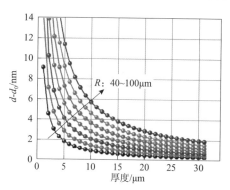

图 4.39　空气微泡长度随空气
微泡厚度变化的理论计算

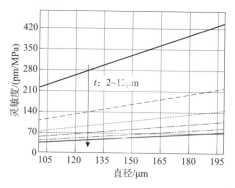

图 4.40　不同长度空气微泡下压力
灵敏度随空气微泡厚度变化情况

从本质上讲，获得高压力灵敏度的方法为减小传感器的厚度和增加传感器的直径。该传感器的灵敏度为 360pm/MPa，这对于压力传感器来说并不高。在实际应用中，可以通过增大直径来实现灵敏度的增大。但是，这需要对放电电流和时间的精确控制，而且薄厚度传感器的机械强度较弱，不符合传感器测量结果稳定的原则。无论如何，所有这些参数都取决于特定的传感应用需求。

（3）压力测试实验

图 4.41 为所提出的传感器的气体压力响应测试实验装置。来自宽带光源以 1550nm 为中心的光通过光学环形器传播到传感探头。接着通过环形器将其反射并传至分辨率为 0.02nm 的光谱分析仪。传感探头置于气室中（其中气室中装有：商用气体压力发生器和高精度压力计相连接，用于测量气室压力）并采用强力胶

对尾部光纤和气室进气口进行密封。当压力以 0.1MPa 为增量增加到 1MPa 时，利用 OSA 对传感探头的反射光谱进行监测。每次测量前保持压力恒定 20min，以保证干涉仪周围压力分布均匀。

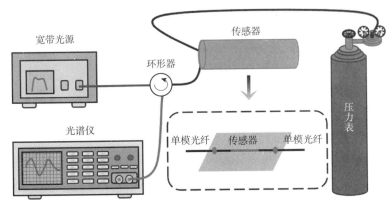

图 4.41 用于测量传感器对气体压力的响应的实验装置

随着气体压力从 0 逐渐增大到 1MPa，干涉光谱呈现出蓝移且条纹对比度略有波动，如图 4.42 所示。图 4.43 和图 4.44 分别记录了在两个不同谐振波长处 (1518.55nm 和 1546.2nm)波长位移随气压变化的情况。结果表明，当施加的气体压力从 0MPa 增加到 1MPa 时，谐振波长向较短的波长(蓝移)线性移动。两个谐振波长处的气压灵敏度(拟合线的斜率)分别为 3614pm/MPa 和 3605.8pm/MPa，该结果均比我们之前工作中报道的灵敏度高两个数量级。但仿真结果与实验结果仍存在明显的差距。这主要是因为 HCF 中的羟基与二氧化硅在不断放电的过程中发生了一定的反应，使得气泡(壁)材料的杨氏模量进一步变小。

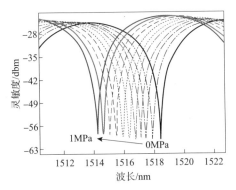

图 4.42 空气微泡型传感器对压力的响应

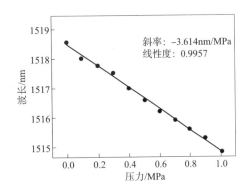

图 4.43 波长为 1518.55nm 处干涉条纹的共振波长随不同气体压力的变化

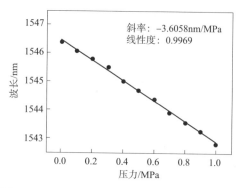

图4.44　波长为1546.2nm处干涉条纹的共振波长随不同气体压力的变化

(4)1MHz超声波探测和地震物理模型的二、三维扫描成像实验

图4.45显示了超声波检测和地震物理模型成像的实验设置。其探测原理均与上节相同。仍采用脉冲方波或连续正弦波驱动的谐振频率为1MHz的PZT产生超声波。在该测试中，激光锁定在干涉条纹单线侧的3dB位置，即波长为1518.258nm处。为了方便比较，实验中，在相同的实验参数下，分别采用普通的HCF和载氢后的HCF制作了两个不同的传感器。在水箱中的传感器与PZT反向放置，但二者以间距为3cm被固定在同一位移平台上，距离地震物理模型有2.5cm。

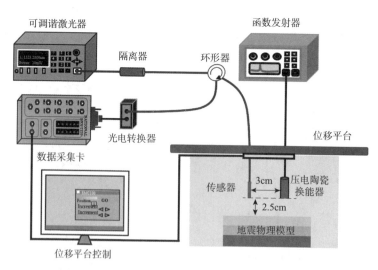

图4.45　超声波探测与地震物理模型成像实验装置

如图4.46和图4.47所示，两个传感器均可有效检测到频率为1MHz的连续正弦超声。通过傅里叶变换可计算出连续超声波响应图的频域谱，它取决于PZT

的频带宽度和共振频率。结果表明，两种光纤传感器对频率为 1MHz 的超声波信号均有较好的响应。

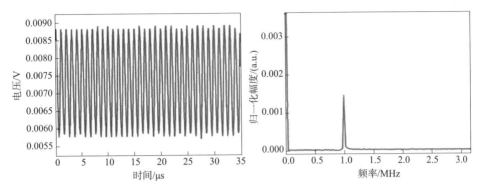

图 4.46 无载氢处理时制作出的传感器对 1MHz 连续正弦信号的响应及频谱响应

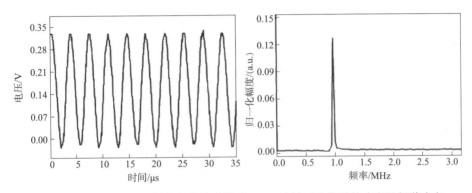

图 4.47 有载氢处理时制作出的传感器对 1MHz 连续正弦信号的响应及频谱响应

为了进一步研究传感器的分层特性，用传感器去响应频率为 1MHz 的脉冲超声波(后续地震物理模型成像实验也使用了这一频率的脉冲超声波)，结果如图 4.48 所示。由图可以清楚地看到，使用这两个传感器得到检测信号的峰峰值电压分别为 0.035V 和 5.82V。而使用载氢处理后的 HCF 制作而成的传感器，其灵敏度明显提高。与之前基于未载氢处理的 HCF 传感器灵敏度至少高出两个数量级。由

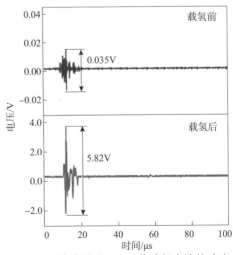

图 4.48 传感器对 1MHz 脉冲超声波的响应

图4.48可以看出由于PZT固有带宽和低频噪声的影响，在中心响应处附近还存在其他噪声。滤除所有多余的噪声之后，将所得到的信号进行重建便可得到相应的图像。

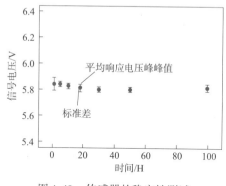

图4.49　传感器的稳定性测试

在地震物理模型成像之前，需要对传感器的稳定性进行检测，这是它能否实际应用的一个重要因素。为了保证实验结果的准确性，使用同一传感器在不同时刻传感器响应超声波的实验被重复了5次。图4.49为所提出传感器的响应电压的峰峰值在100h内的波动。值得注意的是，在这100h内，响应电压峰峰值几乎保持不变(在5.82V附近)。虽然超声波响应的最大波动为0.04V，但它只占平均值的0.68%。因此，该结构在整个探测过程具有较好的稳定性。

待测的地震物理模型是利用倾斜角为30°的倾斜有机玻璃板来模拟地质倾斜构造，具体结构如图4.50所示。在图4.50中，红色虚线区域为成像区域2.5cm×15cm。实验中，PZT和光纤传感器准连续运动，由0.1mm的电机驱动，扫描方向依次沿x轴和y轴。在整个扫描过程中，由于水的比热容大(4200J/kg)，探测介质水周围的温度几乎是恒定的。图4.51表示使用该传感器所得到地震物理模型的横向二

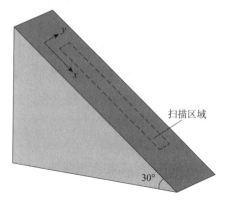

图4.50　地震物理模型

维图像(沿x轴)。由于该传感器具有良好的超声响应特性，可以清楚地观察到地震物理模型两表面之间有很高的对比度。已知超声波传播速度(1450m/s)和频率(1MHz)，则可以计算出传感器在水中的轴向分辨率为0.725mm。若使用超高频超声波，虽然减小了探测深度，但也能进一步提高系统的分辨率，最适用于小空间体内高分辨率探测和成像。因此，超声波频率(轴向分辨率)的选择取决于具体应用的需要。通过对x轴和y轴的反复扫描和数据重建，可以得到图4.50扫描区域的三维图像，如图4.52所示，斜面和底面清晰可见，这与模型的形状和实际结构相一致。综上所述，该传感器具有对地震物理模型进行三维成像的能

力。随着数据处理方法的进一步优化，该传感器可以应用于复杂的地震物理模型成像中。

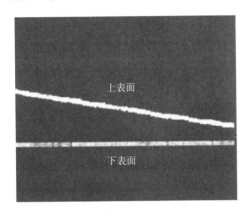

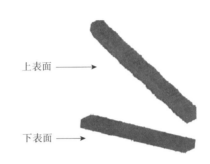

图4.51 地震物理模型的横向二维图像　图4.52 地震物理模型在某一区域的三维图像

（5）实验结果分析

SNR是表征传感器对超声波响应能力的重要参数之一。信噪比与实验装置的初始噪声声压有关（特别是与激光光源的功率波动、传输线和传感器的稳定性有关）。传感器的信噪比计算公式可表示为：

$$SNR = 20\log_{10}\frac{V_{pp}}{V_n} \tag{4.17}$$

式中，V_n探测超声波之前的噪声水平；V_{pp}为初始响应的电压峰峰值（2mv）。因此，已知信号的电压峰峰值为5.82V（图4.48），则计算出该传感器的信噪比为69.28dB。该传感器的信噪比远远大于利用未载氢HCF制作而成的传感器信噪比（24.86dB）。因此，该传感器具有良好的成像性能，是地震物理模型成像的理想选择。成像的轴向分辨率取决于超声波在介质中的速度和脉冲持续时间，可以表示为[256]：

$$R = \frac{\gamma\tau}{2} \tag{4.18}$$

式中，γ是在介质中超声波的传播速度；τ为脉冲超声波持续时间。已知超声波在水中的传播速度（1450m/s）和超声频率为1MHz（脉冲超声波持续时间为1μs），可以计算出其在水中的分辨率为0.725mm。当超声波在地震物理模型中传输时（传输速度2700m/s），分辨率会变为1.35mm。

4.3.3　本节小结

在本节中，首先设计并制作了一个基于空气微腔型的 FPI。该微结构是通过对与 SMF 拼接的 HCF 上不断放电操作而形成的。该传感探头具有成本低、尺寸紧凑(直径为 120μm)和制作简单(仅需熔接机)等优点。实验结果表明：该传感器对频率为 1MHz 的连续和脉冲超声波均具有较高的灵敏度。此外，该传感器可用于地震物理模型的成像，探测结果图像清晰且分辨率高。该传感器结构紧凑，非常适用于狭窄空间内的超声波检测和成像。

为了进一步提高传感器的灵敏度，在传感器制作之前先将 HCF 进行载氢预处理，接着将 HCF 与 SMF 拼接在一起，并在 HCF 处不断放电直至形成较好的空气微泡。在放电过程中，HCF 中的氢气分子被加热并膨胀，会形成一个大尺寸、薄厚度、表面光滑的空气微泡。所制传感器的压力灵敏度约为 3600pm/MPa，比使用未载氢 HCF 所制作的传感器的灵敏度高两个数量级。超声检测和三维成像结果表明：在进一步优化数据处理方法的前提下，该传感器具有应用在复杂地质并进行构造成像的前景。

4.4　薄膜型法布里 - 珀罗干涉结构的光纤超声波传感器

端面点式 FPI 因其具有体积小、结构灵活、稳定性高(低频抗振)等特点受到了广泛的关注[257,258]。FPI 的灵敏度由光谱线性斜边的斜率(频谱带宽)和干涉仪腔体的材料和形状两个方面决定。超声波的光学检测机理为在传输光场的介质中，压力的变化会导致其相位发生相应的变化[259]。因此，压力到相位变化的转换效率是影响超声波检测灵敏度的另一个重要因素。转换效率主要取决于传导介质的光学性质。通常情况下，FPI 的端面薄膜都可以是聚合物、二氧化硅、银、金、石墨烯甚至水膜[260-262]，它们被看作是光纤端面的反射镜之一。当超声波加载到薄膜上时，由于压力的作用，膜片会产生同样的振动，引起腔长的变化，最终导致干涉光谱发生漂移。在这些薄膜材料中，除了具有通用性、易加工、加工成本低等优点，聚合物材料的弹性模量很低引起了研究人员的广泛关注。一般而言，利用聚合物进行端面点式 FPI 的制作工艺有：传统的半导电流程(例如光刻、化学气相沉积等）、反应离子束刻蚀、提拉法和紫外光固化胶黏剂的方法等[263-265]。然而，所有这些方法具有两个主要缺点，即复杂的制造过程和有限的压力灵敏度。

本节中，设计并制作了一种基于单模光纤端面式 FPI。该传感器探头是通过使用塑料焊接机将 PVC 隔膜涂覆在提前切割好的 SMF 端面上而制成的。由于聚氯乙烯具有优良的性能，这个紧凑的传感器对宽带超声波具有较高的超声波灵敏度。在实验中，利用传播时间法对探测到的超声波信号进行重构，得到了具有不同角度的倾斜地震物理模型和球形地震物理模型的三维图像。

4.4.1 薄膜型 FP 干涉结构的设计和制作

图 4.53(a)~(c)展示了传感器的制作过程，包括以下步骤：首先，使用将光纤切割刀将一段标准 SMF 切好，如图 4.53(a)所示；接着，采用温度可控的塑料焊机将 2 层 PVC 薄膜焊接到 SMF 的良好切割端面处，如图 4.53(b)所示。其目的是通过塑化作用将 PVC 薄膜的杨氏模量从原来的 3GPa 降低到 6GPa，从而进一步提高传感器的超声波响应能力。在焊接过程中，温度和时间的控制至关重要。当温度在聚氯乙烯熔点时候（150~200℃）的自然颜色为黄色，呈半透明状[266]。但是温度过高会使其颜色由自然色变为褐色，最终由于炭化现象而变为黑色[267]，这对光波的传播和反射是非常不利的。由于熔融的 PVC 薄膜不易凝固，在这种情况下在 SMF 与 PVC 薄膜之间的焊接时间不宜过长。因此，通过反复的实验和比较，最终选择了 300℃ 作为加热温度，20s 作为加热时间。利用该方法，成功地在 SMF 端面制作了如图 4.53(c)所示的实心 PVC 帽。

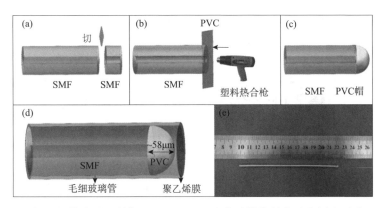

图 4.53　所提出的传感器的制作过程(a)~(c)和传感器的封装示意图和照片(d)~(e)

通过输入光在两界面(光纤－PVC 和 PVC－空气)的反射光发生干涉得到了条纹能见度大于 25dB，FSR 为 13.5nm 的干涉谱线，如图 4.54 所示。该传感器的 FSR 将由 PVC 盖的厚度决定，它可以用菲涅耳反射方程表示[268]：

$$FSR = \lambda^2/2nL \tag{4.19}$$

式中，L 是 PVC 帽的厚度；n 是腔的折射率；λ 是波长。

如图 4.55 所示，在波长为 1.55km 处的 PVC 帽的厚度理论计算值与实验值 58μm 吻合较好。可以注意到对于每种情况，PVC 帽的曲率半径都是不同的，即 L 最大时，PVC 帽的曲率半径较小，L 最小时候，PVC 帽曲率半径最大。图 4.53(d)和图 4.53(e)分别为传感器的封装图和实物封装照片。将制作好的传感器置于内径为 0.3mm 的毛细玻璃管中，并在毛细玻璃管的端面涂覆聚乙烯薄膜以隔离流体(例如水)。由于超声波也会引起聚乙烯薄膜的振动，所以 PVC 薄膜和聚乙烯薄膜之间要有一定的距离，这样可以消除对光谱的影响。

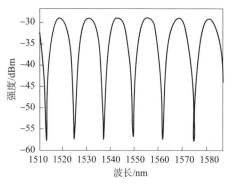

图 4.54　传感器的干涉光谱

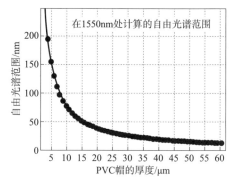

图 4.55　FSR 与 PVC 膜片厚度关系的理论计算结果

4.4.2　薄膜型 FP 干涉结构的超声波探测实验

图 4.56 为所提出的光纤超声波成像系统的原理图，该成像系统主要包括左边的光学系统(超声检测)和右边的超声发生系统。这与前几章的系统相同。此处，超声波产生峰值电压为 20V 的函数发生器 PZT(单晶纵波探头)产生频率为 300KHz、1MHz 和 5MHz 的超声波。由于超声波通过空气的耦合效率较低，所有的地震物理模型均放置在长 1m、宽 1m、高 0.7m 的水箱底部。

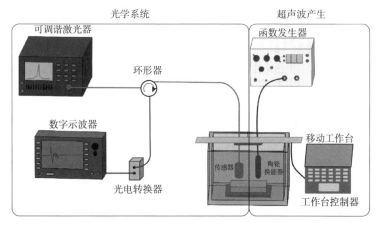

图 4.56　光纤超声波检测系统原理图

（1）不同频率下传感器对连续、脉冲超声波的响应

在对地震物理模型成像之前，需要表征传感器在水中对超声波的响应情况。在此过程中，传感器和 PZT 被固定在一个恰好位于水面上的扫描平台（SMC100）上。该扫描平台由电脑（PC）通过 RS232 接口进行控制。如图 4.57 ~ 图 4.59 所示，利用所制传感器可有效检测到频率分别为 300kHz、1MHz 和 5kHz 的三种连续正弦波且探测到的信号仍保持标准正弦函数曲线。即说明传感器能够对在该频率范围内的连续正弦超声波信号做出准确的响应。通过对响应信号进行傅里叶变换可以得到其相对应的频谱。频谱结果显示出响应结果的主频分别位于 300kHz、1MHz 和 5kHz，这与 PZT 的共振频率相吻合。因此，这成功地验证了该光纤传感器至少具有高达 5MHz 的宽带频响。

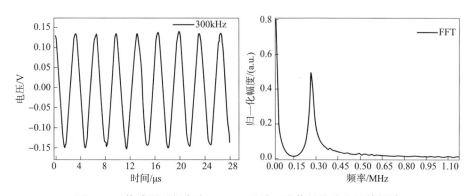

图 4.57　传感器对频率为 300kHz 连续正弦信号的响应及其频谱

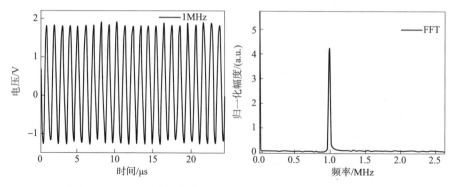

图 4.58　传感器对频率为 1MHz 连续正弦信号的响应及其频谱

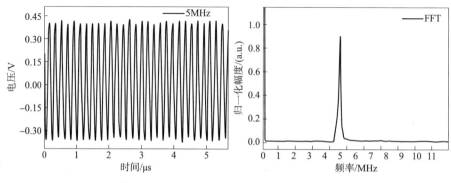

图 4.59　传感器对频率为 1MHz 连续正弦信号的响应及其频谱

为了研究该传感器的分层能力，分别使用频率为 300kHz、1MHz 和 5MHz 的脉冲超声波作为超声发射源，并将传感器用来检测来自地震物理模型中层结构的反射信号。如图 4.60 ~ 图 4.62 所示，可以清楚地观察到在每幅图中都有三个很明显的脉冲超声波，其分别对应着地震物理模型的上、下表面和水箱的底面。由于 PVC 帽具有较高的声压灵敏度，传感器对频率为 300kHz、1MHz 和 5MHz 的脉冲超声波的响应信号峰峰值分别为 564mV、5.3V 和 1.13V。其中，传感器对频率在 1MHz 的超声波响应最大，这是因为传感器的本征谐振频率也在 1MHz。此外，系统噪声仅为 2mV，通过计算可以得到响应电压信号的信噪比分别为 49dB、68.46dB 和 55dB。超声波频率为 1MHz 的响应信号信噪比的值远远大于前述工作的信噪比（FBG - FP 传感器信噪比[269]：27.96dB，空气微泡型 FPI 传感器：24.08dB，膜片式 FPI 传感器[270]：62.21dB）。因此，最终将 1MHz 选为地震物理模型成像中的超声波频率。通过超声波传播速度时间关系，理论上可以计算出反射超声波的传播时间分别为 87.89μs、132.47μs 和 148.76μs，与图 4.60 ~

图 4.62 中所示实验结果相吻合。因此，该传感器对地震物理模型具有较好的分层能力。

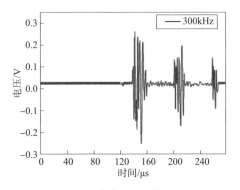

图 4.60 传感器对频率为 300kHz
超声脉冲信号的响应

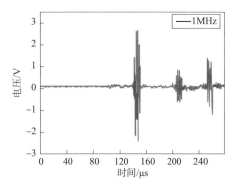

图 4.61 传感器对频率为 1MHz
超声脉冲信号的响应

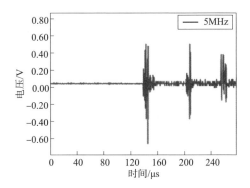

图 4.62 传感器对频率为 5MHz 超声脉冲信号的响应

(2)传感器对不同距离、方向脉冲超声波的响应

在超声波检测中，PZT 与传感器之间的距离是影响时域响应信号的一个重要因素。在实验中，改变传感器与超声源的距离，使用传感器来检测频率在 300kHz、1MHz 和 5MHz 下的超声波响应。并绘制出响应电压峰峰值与传感器和 PZT 之间距离的关系，如图 4.63 所示。从图中可以看出，三个电压峰峰值曲线都是随着距离的增加，先增大后逐渐减小，这主要是由 PZT 的超声压力分布导致的。在近场时，超声波压力场情况复杂；而在远场时，由于超声波的扩散和传输损耗使得超声波压力急剧下降。因此，在实际使用中，超声波探头应置于远场，以避免检测结果不稳定。在超声波检测和成像中，根据上述分析最终将 PZT(频率：1MHz)与传感器的距离设置为 2.5cm。但值得注意的是，由于实验中当发射频率 300kHz、1MHz 和 5MHz 下所使用的 PZT 均不相同，则最大响应电压峰峰值

的位置也不同，最大值分别为2cm、2cm和3cm。图4.64为当传感器与PZT之间距离固定时(对这三种频率分别保持在3.5cm、2.5cm和2.5cm处)，检测到的电压峰峰值信号(300kHz、1MHz和5MHz)与PZT源的驱动电压(100～400V)之间的关系。结果表明：对频率为300kHz，1MHz和5MHz而言，这些响应曲线均为线性函数。则驱动电压范围较宽时，可以获得较大的线性响应区域。

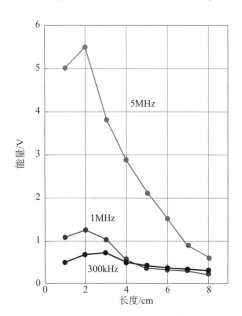

图4.63 在固定发射电压下，传感器对频率为300kHz、1MHz和5MHz的脉冲超声波的响应电压峰峰值与距离的关系

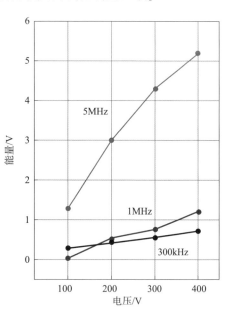

图4.64 在固定距离下传感器对频率为300kHz、1MHz和5MHz的脉冲超声波的响应电压峰峰值与PZT驱动电压的关系

在实际的成像应用中，传感器的方向性对成像质量而言是非常重要的因素之一[271]。在实验中，将PZT沿半径为3cm的圆弧等距转动，使得可检测的角度范围在-67.5°～67.5°(以11.25°为步长)[272]，如图4.65所示。由于不同的激励效率会对被测波形的幅度有较大的影响。为保证实验结果的可靠性，将实验重复三次测量并分别记录其结果[273]。从图4.66可以看出，在0°时，可达到最大响应。这主要是由于PZT沿该方向具有的最大声压[274]。因此，在超声波传输检测中，一般情况下PZT都与传感器面对面且在同一条线上放置进行检测，以获得最大的超声波响应。另外，在图4.66中，响应电压与传感器和PZT之间夹角的关系有轻微的不对称，这可能是由于在实验过程中手动操作而引起PZT的变化，导致在整个位移过程中PZT与传感器并非严格对称。

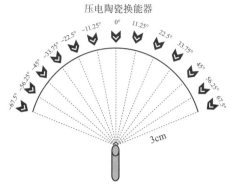

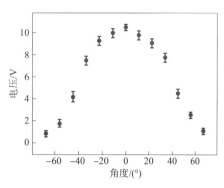

图 4.65 角度响应测量示意图　　图 4.66 响应电压与传感器和 PZT 之间夹角的关系

4.4.3 地震物理模型扫描成像实验

(1)利用传感器对不同倾斜角度地震物理模型的二维成像

首先,使用该传感器对地震物理模型二维成像能力做了测试。所测试的地震物理模型是由三个不同角度(10°、20°和30°)的三棱柱形有机玻璃块体组成,用于模拟地质构造中的倾斜构造。在实验中,将谐振频率为 1MHz 的传感器与 PZT 一起固定于电动位移台上,两者距离为 2.5cm。传感器和 PZT 在平行于支撑台的平面上进行逐点扫描。超声波主要通过水与模型的界面(如模型的上表面)反射。

当超声波进入水后,超声波的一部分被反射,另一小部分通过模型继续传播直到遇到另一个界面。传感器最终可以得到反射超声波信号随时间的变化数据。已知超声波在空气(340m/s)和地震物理模型(2700m/s)中传播速度,可以确定地震物理模型的厚度和不连续点的位置。在成像系统中,以 0.1mm 的步长准连续移动电动位移平台(PZT 源和传感器)在平行于支撑台的平面上进行逐点扫描。通过对模型的扫描、数据处理和二维图像的重构,可以确定地震物理模型的形状、尺寸和内部结构,如图 4.67 所示。

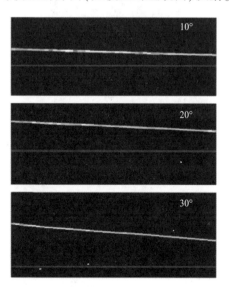

图 4.67 传感器对具有不同倾斜角度的物理模型的响应重构图

正如所料，重构图像清晰地显示了地震物理模型截面的梯度面和底面信息，与实际模型结构吻合较好。此外，由于水和 PMMA 模型的声阻抗不同，模型上表面反射的超声波信号强度要比下表面反射的强得多。

（2）利用传感器对球型地震物理模型的三维成像

在传感器二维成像能力研究之后，本小节又验证了传感器的三维成像性能。测试区域是半径为 6cm 的球形地震物理模型上的 2cm×5cm 矩形区域，如图 4.68 所示。PZT 源和光纤传感器被固定在一个空间分辨率 2μm 的电动位移平台上进行点对点扫描，它可以在二维空间中移动。PZT 与传感器的距离为 2.5cm，而模型与传感器之间的距离为 3cm。通过二维扫描和三维信号重建，球面地震物理模型检测区域处的三维重构图像如图 4.69 所示。重建后的三维轮廓图清楚地显示了模型区域的两个表面。但是，通过观察可以发现，地震物理模型检测区域的底面信息并不完整，这主要是由不同角度超声波的损耗和待优化的算法造成。因此，进一步提高传感器灵敏度和信噪比是提高成像质量的重要途径之一。

图 4.68　三维地震物理模型的成像区域　　图 4.69　被测区域的三维重构图

4.4.4　本节小结

在本节中，提出并制作了一个基于端面型 FP 干涉仪型超声波传感器。它是通过聚氯乙烯薄膜与单模光纤端面结合所构成。由于聚氯乙烯薄膜具有较小的杨氏模量，使得紧凑的传感器具有较大的超声波灵敏度。在实验中，利用所提出的超声扫描系统对三个不同角度的梯形地震物理模型和球形地震物理模型的部分区域进行了扫描，分别重构出被测地震物理模型的二维和三维图像。

4.5　本章小结

　　本章从地震物理模型成像的实际需求出发，简单介绍了地震物理模型制作流程、典型地震物理模型以及地震物理模型的震源和接收器，提出了三种光纤超声波传感器：Michelson 干涉结构的光纤超声波传感器、空气微泡型 FP 干涉结构的光纤传感器以及薄膜型 FP 干涉结构的光纤超声波传感器，并分别在实验上验证了其超声波探测能力，实现了对典型地震物理模型的扫描成像。

第5章　光纤超声波传感器在生物医学领域的应用

　　随着人们生活水平和健康观念的提高，对疾病的早期诊断和后期健康监测提出了更高的要求，因此需要更加安全、高效的医学成像技术。根据现有医学成像技术特点和未来需求方向，迫切需要一种非侵入、成本低、小型化、对人安全的成像方式，能够在厘米量级的深度上实现微米量级成像，同时能够检测活体组织内部的结构形态学与成分含量等信息。光声成像技术作为一种快速发展的成像技术，同时具有光学成像的高对比度和超声成像的高穿透度的特点。光声成像依靠的物质对光的吸收特性，因此它不仅能够实现对生物组织结构的高分辨率成像，而且还能对不同生物组织物质成分含量等进行识别分析以实现功能成像。另外，光声成像利用低能量的激光作为激励源，具有安全、非侵入、低成本等优势，在生物医学影像诊断分析领域具有广泛的应用前景。光声信号本质上是超声波，采用传统的压电式超声探头接收光声信号会带来诸多问题，其中最主要的缺点的是须借助耦合介质传输光声信号，这不仅限制了它的应用范围，也会给临床应用带来许多不便。此外，该技术易遮挡激励光源，带宽有限，易受电磁干扰。相比之下，光纤超声波传感器具有较高的探测灵敏度和抗电磁干扰特性，非常适合高灵敏度、高对比度和高空间分辨率的光声成像实现。

5.1　应用背景

　　随着人口老龄化的不断发展和人们健康意识的提高，医疗技术的发展受到越来越多的关注和研究，其中医学成像技术的发展发挥着重要的作用，成为促进医学进步的重要推动力。从人体骨骼、器官的结构成像到血液、组织液的成分成像，从病变、癌症等的病前诊断到手术过程中的影像引导，都离不开医学成像技术[275]。

　　影像作为人们认知外界的重要手段，提供了直观且丰富的外界信息。生物医学成像是指研究影像构成、提取与存储的技术。它能极大拓宽人们对机体的认知范围和程度，帮助人们获取组织器官的结构和功能信息。目前，X 射线成像、计算机断层成像、超声波成像、核磁共振成像、光学成像、正电子发射断层成像等医学成像设备已经普及，这些技术成为医生的得力助手，既能减轻患者病痛，又使患者的疾病得到更加快速和准确的诊断，实现疑难疾病的治疗及复杂手术的实施[276]。

　　光声成像技术作为一种新的成像技术，具有低成本、高分辨率、非侵入等诸多优点，因此该技术的发展引起了研究人员的关注。其中，研究重点为光声成像技术在生物医学领域的应用。为了使光声成像技术更好地应用于医学成像领域，研究人员在激光能量的安全、成像的时间及设备的灵活性等方面做了大量工作。光声信号的探测方式直接关系到成像效果的好坏以及成像方式的改变，因此其成为研究重点。光声成像及其相关技术的研究将更好地解决其在医学成像应用方面遇到的问题，使其在医学成像领域得到广泛的应用，发挥重要的价值和作用。

5.2　光声成像技术

　　随着医学诊断和治疗的不断发展，对医学成像方式的特性提出了新的需求，即非侵入、成本低、小型化、对人安全的成像方式，既能在厘米量级的深度上实现微米量级成像，又能够检测活体组织内部的结构形态与成分含量等信息。除了成像深度的限制，光学成像最具有满足上述特性的潜力，如何在光学成像特性的基础上实现成像深度的突破成为人们的目标。研究人员发现：组织中的光子能量可以转化为超声波，而超声波的散射性要小得多。这成为打破在深层组织实现光学成像分辨率限制的方法。此现象的基础是光声效应：生物组织吸收光子能量转化为超声波。基于这一现象的成像技术称为 PAI，光声成像探测的是超声波信号，反映的却是生物组织吸收光能量的差异，因此它融合了光学和声学成像的特点，具备独特的优势。

　　根据成像方式不同，光声成像系统可以分为三种不同类型：光声层析成像、光声显微成像和光声内窥成像[277]。近年来，光声成像取得了快速进展，现今光声技术正由实验室阶段逐步走向临床试验阶段。光声成像能够有效地进行生物组织结构和功能成像，为研究生物组织的生理特征、病理特征、形态结构、新陈代谢等提供了重要手段，特别适合于活体组织的癌症早期检测和治疗监控。

5.2.1 光声成像技术的发展

光声效应的发现是于 1880 年[278] Alexander Graham Bell 在电话发明中偶然发现的。图 5.1 所示为贝尔学术论文[279] 中的光话装置，该装置利用的是太阳光。图 5.1 中左边是声音的发送者，话筒连接一面镜子，然后通过一组透镜将太阳光校准成平行光束，右边接听者手持一个听筒对准迎面射来的太阳光。装置虽然很简单，但声音可以跟随着"光"从讲话者一端传到听筒一端。贝尔针对这一现象反复进行了实验，验证了被反复、快速阻断的光线照射的深颜色物质上，能够产生声音即光声。

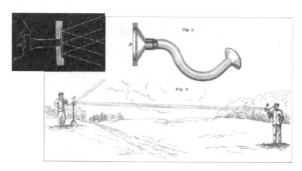

图 5.1   贝尔光电话实验装置[279]

由于这种技术传播效果差，当时并未被采纳。直到 20 世纪 60 年代，激光技术的出现，使人们能够精确地得到干净、可靠、可控(时间和空间)且能量足够高的光源，以及微信号检测技术的发展，高灵敏微声器和压电陶瓷传声器的出现，光声效应及其应用的研究又重新活跃起来。

在 1978 年 L. B. Kruezer 将光声效应应用于气体成分的检测之后，关于光声效应的研究才重新受到人们的重视。基于光声效应发展起来的光谱技术也随之发展起来，并应用于测定传统光谱法难以测定的光散射强或不透明的样品，如凝胶、溶胶、粉末、生物试样等[280]。该光谱技术被广泛应用于物理、化学、生物医学和环境保护等领域。在此之后，光声效应陆续被应用于各个领域中，但进展仍相当迟缓。

在 20 世纪 80 年代初，有人提出利用光声效应进行生物组织的成像[281,282]，但受当时科技水平限制，并未取得成功。亚历山大·奥利弗斯基(Alexander Oraevsky)博士是最早把光声效应应用于生物医学成像的科学家之一。80 年代，亚历山大在莫斯科苏联科学院从事利用激光去除生物组织的研究工作。在实验过程中，他发现被激光脉冲照射的软组织周围出现了超声波，对这一现象深入研究后，利用接收到的超声波对生物体组织成像的方法也就出现了。从 90 年代开始至今，光声成像技术经过几十年的发展，在理论机制、成像算法、系统结构和应用领域方面都取得了诸多研究成果获得了很大的进步。

最具代表性的研究之一是加州理工学院的 Lihong V. Wang 小组在 2003 年利用光声断层扫描成像系统，如图 5.2[283] 所示，获得了活体小鼠的脑部光声图像。该成果极大展示了光声技术在生物组织成像领域的潜力。Lihong V. Wang 小组还努力拓展光声成像的应用技术，在 2006 年开创性提出一种光声显微镜系统，如图 5.3 所示[284]，同时获得了生物组织的成像深度与空间分辨率之比超过 100 的光声显微图像。从此，光声断层扫描系统和光声显微系统成为光声成像研究领域当中两种经典的系统类型。此外该小组还在光声技术的快速成像方面进行了大量的研究，该小组的研究成果给光声技术的其他研究者提供了重要的参考标准。

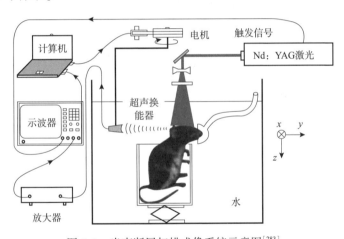

图 5.2 光声断层扫描成像系统示意图[283]

近年来，光声内窥镜成为内部器官成像的一种新颖研究手段[285]。特别是在食道和结肠的疾病诊断领域[286]，其典型结构如图 5.4 所示。高重复频率的激光束在多模光纤中传输，多模光纤被放置在孔型传感器的中央。通过耦合磁铁驱动微型马达，马达带动反射镜旋转，照明组织以及探测周围的超声波信号。另外，采用直线形电机可以使整个探头进行伸缩，从而进行光声体成像。相对于传统的光学内窥镜，光声内窥镜的成像深度受到光散射的限制。最新的研究显示：光声内窥镜可以实现离体大鼠结肠成像深度为 7mm[287]。

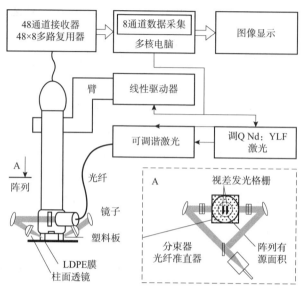

图 5.3　反射式光声显微系统示意图[284]

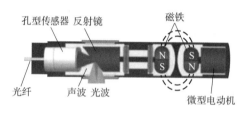

图 5.4　光声内窥成像系统及结果

虽然目前光声成像的研究尚处于实验室研究阶段，未应用于临床。但是它由于高对比度、高分辨率、深层成像、低成本、无损探测等优点吸引越来越多研究者关注。更多的理论算法优化、实验研究以及应用系统改进都将进一步促进光声成像的实际应用。在光声成像研究领域，由于生物组织产生的光声信号非常微弱，因此关于光声信号的探测方法研究成为其中重要研究分支。

5.2.2　光声成像技术的探测方式

目前，国际上在此领域中具有代表性的研究单位主要来自美国、瑞士、俄罗斯以及英国等国家。国内的北京大学、上海交通大学、南京大学、华南师范大学以及深圳先进技术研究院等，也都取得了可喜成果。这些科研单位大都采用最常见的两类探测方式，即压电超声传感器探测方式和光电探测方式。其中，取得了具有代表性的研究如下：

（1）压电超声传感器探测方式

美国印第安纳大学 R. A. Kruger 研究组采用半球形探头阵列，通过机械旋转扫描的方式进行乳腺癌早期诊断研究[288]。系统采用434MHz的微波作为激励源，得到图像的深度大于5cm。单帧图像数据采集与重建时间约为9.5min，相对于单个探头扫描方式，成像速度得到明显提高。

荷兰特温特大学C. G. A. Hoelen研究组通过采用非聚焦的超声波探头，用横向线性扫描方法采集光声信号，对模拟的毛细血管样品进行成像。在重构算法上引入了延迟叠加实质是让光声信号进行同相叠加，横向空间分辨率与探头探测面的直径相当可达0.2mm。最终对模拟的毛细血管进行三维成像的研究。

中国科学院深圳先进技术研究院的宋亮研究组，研究发展了基于超声阵列的高速，高分辨光声成像技术[289]，实现了对较深生物组织的高光学对比度、高速率和高超声分辨率成像，促进了光声成像技术向临床应用上的转移。光声成像速度和系统成本是制约其获得广泛临床应用的两个关键因素。压缩感知技术可以利用很少的测量数据恢复信号，该研究首次将最新提出的带有部分已知支撑信息的压缩感知重建理论应用于阵列式活体光声断层图像重建中，成像系统成本大约降低了3倍，同时大规模缩减了数据采集量[290]。

（2）光电探测方式

麻省理工学院B. P. Payne研究组采用激励光和探测光在样品表面干涉，测量由光声效应引起的样品表面位移量，并实现了对组织浅表皮血管的光声成像[291]。伦敦大学P. C. Beard和T. N. Mills等利用光声效应引起的样品表面微小的位移量，采用FP干涉型传感器探测光声信号[292]，并由光电二极管通过机械扫描接收被调制的光信号进行图像重建。空间分辨率小于100μm，探测深度为1cm。

瑞士伯尔尼大学Martin Frenz和K. P. Kostli研究组采用光声效应引起的样品表面反射系数变化，对入射的探测激光进行调制。采用CCD以较小的时间间隔进行信号的连续采集，光声信号为样品表面的后向反射光[293]，重建图像的空间分辨率为20μm[294]。

华南师范大学邢达教授研究组采用医用B超仪和光声融合成像的方法，利用320个阵元的线阵探头，通过相控聚焦方式对光声信号进行了电子线性采集，很大程度上提高了采集数据的速度和成像时间。单帧图像数据的采集时间为2s[295]。系统可以和传统B超仪接口相连接，有很高的实用价值。

由此可见，压电超声传感器探测方式是目前光声成像主要采用的形式。信号采集的方式主要是采用多探头超声传感阵列同步采集或者采用特殊工序制造的

PVDF 膜宽带针形聚焦或非聚焦的超声传感扫描采集。采用多探头超声传感阵列可以有效地提高信号的采集速度和系统的稳定性，但对传感阵列的工艺水平要求相对很高。采用 PVDF 膜超声传感器用旋转扫描的方式采集信号的时间比较长，并且要求扫描有较高的精度。

光电探测方式则是利用探测光声效应在样品表面引起的位移量，从而捕获样品的内部信息。这种方法并非直接探测光声信号在表面所引起的超声波声压，虽然可以得到较高的空间分辨率，但是位移量对声压的变化不敏感，光声信号中所携带的组织内部精细结构的高频部分灵敏度较低，并且需要对光路进行精密的调整。所以该方法只进行了简单模拟样品的理论研究和实验成像，并未对活体生物组织和实体进行成像。

5.3　生物组织的光声特性

5.3.1　光与生物组织的相互作用

生物医学中最常用的光源为可见光（400 ~ 700nm）和红外光（700 ~ 1400nm）两种，光在生物组织中的传播特性与组织的结构密切相关。在生物组织中，光与组织的相互作用主要包括反射、吸收和散射。组织中的水分子主要吸收红外光，血液和色素主要吸收在可见光谱区，而软组织对光具有较强的散射效应。组织对光的吸收特性揭示了其自身的内部信息。组织对光的反射、吸收和散射而产生的相互作用可分为[296]：光化学相互作用、光热相互作用、光蚀除等。光声效应的产生就是光热相互作用的结果[297,298]。

作为生物医学中两种最基本的生物吸收体，黑色素和血红蛋白的吸收光谱如图 5.5 所示[299]。在可见光范围内，血红蛋白的吸收峰在 530nm 和 570nm 附近，且在 600nm 附近出现骤降。而黑色素的吸收系数则向红外波段单向减小。除了黑色素和血红蛋白外，其他大多数生物组织的吸收峰均在 400 ~ 600nm 之间。水是大多数生物组织的主要组成成分，在可见光谱区，水的吸收系数极小，而在红外波区域，水的吸收系数呈几个数量级的增长。

产生光声信号的基本原理为：生物组织被短脉冲激光照射后，内部吸收区温度升高并产生绝热膨胀从而辐射出超声波。此过程是光与组织间光热相互作用的结果。光热相互作用引起的生物学效应既与生物组织的温升有关，又与维持这一温度的持续时间有关。温度变化和持续时间与激光参数、生物组织的热力学性质

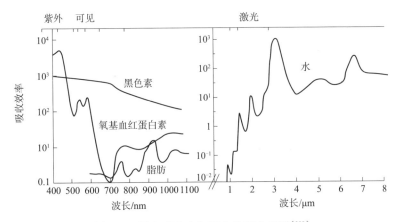

图 5.5 黑色素和血红蛋白的吸收光谱[299]

有关。生物组织的热力学性质是影响激光与组织热相互作用的主要因素之一。与生物组织温度变化有关的热力学参数主要包括：比热、热容、热导率和热扩散率[300]。其中比热和热容是直接和温度有关的量，而热导率和热扩散率还和组织温度变化的时间有关[301]。

表 5.1 列出了一些基本生物组织的比热值。比热是 1kg 物质升温 1K 所吸收的热量，单位为 J/(kg·K)。比热越小，表明生物组织吸收能量后越容易升高温度。热容值越小，则该物体越易升温。比热就是单位质量的热容量。在质量相同吸收热能量一样时，比热较大的水难于升温，生物组织的热容的大小也随该组织的含水量的增加而增加。

表 5.1 不同生物组织的比热值

生物组织	比热值	生物组织	比热值
角质层	2093	血液	3626
真皮层	3182	黑色素	2554
脂肪	2177	水	4187
肌肉	3601	角膜	3626

5.3.2 超声波与生物组织的相互作用

当超声波在生物组织中传播时，由于声波与生物组织间的相互作用会引起一系列物理化学变化。此变化的过程中，部分声能量会发生能量形态转化，将机械波能量转化为介质的热能、化学能等形式。从而使声波发生衰减，声波衰减可以表示成指数形式：

$$E = E_0 e^{-\alpha x} \text{ 或 } p = p_0 e^{-\alpha x}$$

式中，α 表示衰减系数；E 表示声波能量；p 表示声压；x 表示声波的传播距离。衰减系数是超声波在生物组织中传播的一个非常重要的物理量，它与生物组织的声特性及声波频率有关。衰减系数随着超声波频率的增加而增加，而相应的声波穿透深度随之降低。对于医用超声波而言，其发射频率一般小于20MHz。对于3～5MHz的低频超声波而言，软组织中的穿透深度约为15～20cm。但由于其波长较长，导致成像的分辨率降低。对于7～15MHz的高频超声波，其在生物组织传播过程中发生衍射和散射的概率大大增加，导致穿透深度大幅降低。衰减系数 α 可以表示为[302]：

$$\alpha = \frac{(4\eta/3 + \eta')\omega^2}{2\rho_0 c^3}$$

式中，η 和 η' 表示黏滞系数；ρ_0 表示生物组织的平均密度；ω 表示超声波频率。

由上式可知，衰减系数与生物组织的平均密度成反比，与黏滞系数成正比，与超声波的频率成正比。在生物软组织中存在"弛豫效应"，因此在生物医学中实际的衰减系数与超声波频率大致呈线性关系。在生物软组织中，超声波的平均衰减约为 $0.6\text{dB} \cdot \text{cm}^{-1} \cdot \text{MHz}^{-1}$，因此1MHz的超声波在生物组织中传播5cm后的衰减约为3dB，对应的振幅衰减约为初始值的70%。对于宽带光声信号来说，其高频成分的衰减不利于光声成像空间分辨率的提高。

超声波在生物组织中的传播速度与介质的声衰减系数存在着密切的关系。对于理想的无损耗介质来说，超声波的传播速度只与组织的特性有关，与声波的频率无关。即无色散现象，$C_0 = 1/\sqrt{\rho_0 K}$，K 表示组织的绝热压缩系数。组织的黏滞系数与声波的频率有关，因此声波的相速在有衰减时也与声波的频率有关。然而，在生物软组织和水中，这种黏滞效应的影响非常小，可以认为是无色散的，即声波的相速与其频率无关，只和组织的特性（如密度）有关。在水和大多数生物软组织中声速度为1500m/s。

S. A. Gross 等人采用1MHz超声波检测部分的生物组织声学参数如表5.2所示[303]。表中的生物软组织，如肌肉、肝、肾的声学参量与水的同类参量值十分接近，其差别基本在5%左右。而骨头和肺则比其他软组织的声学参量差别大很多。同时，声速随组织密度的增大而增加。

表5.2　不同生物组织的声学参数

生物组织	密度/(kg·L^{-1})	衰减系数/cm^{-1}
血液	1.055	0.034
骨骼	1.738	1.5
脑	1.03	0.06
乳腺	—	0.22
脂肪	0.937	0.07
心肌	1.048	0.185
肾	1.04	0.09
肝	1.064	0.149
肺	0.4	4.3
肌肉	1.07	0.15

近年来，在光声成像技术中采用光纤传感器获取光声信号的方法已经被提出并且开始应用。由于传统压电传感器对于宽带光声信号的采集并不理想，所以提出使用光纤制成的传感器来接收宽带的光声信号。由于光纤直径沿整个纤芯是均匀不变的，分辨率不依赖位置变化，且无电磁干扰，安全简便。

目前只有两种光纤被用于光声成像领域，分别为 SMF 和 POF。通过制作成光纤干涉型传感器实现对超声波的接收，但是它们各自都存在一些缺点。但当前最新颖且极具潜力的微纳光纤技术却仍未见报道。这种传感器比普通光纤传感器更适合探测声波，具有灵敏度更高、对比度更好、成像的空间分辨率更高的优点，非常符合生物医学光声成像的发展趋势。

5.4　光声成像系统及算法

光声成像最终是以图像显示生物组织的信息，最后一步图像重建算法是最重要的一步，它的本质就是还原光声信号的原始分布，因此必须清楚接收到信号的来源。

5.4.1　光声层析成像系统和算法

图5.6是经典的光声层析成像系统，它使用非聚焦激光照射生物组织产生光声信号，并且利用非聚焦超声波探测器接收光声信号，最后通过求解光声传播逆

向问题重构图像。目前常用的创建算法包括时间反演、Radon 变换、傅里叶变换等[304,305]。单独一个探头在一个位置处采集的信号并不能还原出具体某个位置的光声信号。如果把超声波探测器放在不同的位置再进行一次相同探测，两次探测信号进行叠加，圆弧上的交点处可以确定物体的准确位置。对于复杂的生物组织目标来说，需要更多位置的探测信号(探测器的位置要以某个点为中心的圆上)。实际应用当中，有两种处理方法：①通过一个旋转电机带动超声波探测器进行旋转，该方法简易、低成本、但是耗时；②采用多个超声波探测器组成环形阵列探测转置，该方法可以快速实时成像，但是设计复杂、成本高。光声层析成像的分辨率为探测到光声的最短波长，它与超声波探测器的中心频率和带宽有关系。光声层析成像的成像深度取决于超声波的衰减特性。

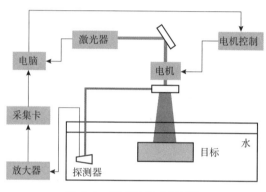

图 5.6 光声层析成像系统

5.4.2 光声显微成像系统及算法

不同于光声层析成像，光声显微成像采用聚焦激光照射生物组织，这种成像方式称为光学分辨率光声显微成像。另外一种为采用聚焦超声波探测器捕捉光声信号，这种成像方式称为声学分辨率光声显微成像。这两种成像方式在系统结构上略有差异，扫描机制和成像方法基本相同，在成像分辨率上不一样。图 5.7 所示是光学分辨率光声显微成像的系统结构，激光通过一个透镜聚焦到生物组织的某一点，超声波探头接收到的光声信号理论上只是该点产生的光声信号，因此该系统的横向分辨率为聚焦激光聚焦光斑的大小即聚焦物镜的分辨率，通常在 $10\mu m$ 量级。然而系统的纵向分辨率则由超声波探测器的中心频率和带宽决定，通常在 $50\sim100\mu m$。

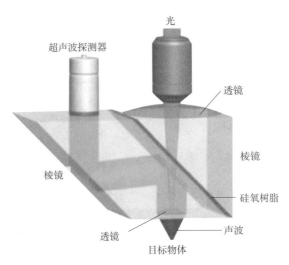

图 5.7　光学分辨率光声显微成像系统

图 5.8 所示为声学分辨率光声显微成像系统，与光学分辨率显微成像系统相反，该系统将激光束照射在生物组织目标区域部分，因此同一时刻整个被照射区域的生物组织都会产生光声信号。采用聚焦超声波探测器可以只接收聚焦位置处的光声信号。理论上声学光声显微成像的横向分辨率为聚焦超声波探测器的聚焦光斑，通常在几百微米。纵向分辨率是由超声波探测器的中心频率和带宽决定，通常在 $50 \sim 100\mu m$。可以看出光学分辨率显微成像和声学分辨率显微成像只是在横向成像分辨率上不同，其单次采集信号都是某个点处的光声信号，因此实现光声显微成像需要采集多个点处的信号。采用逐点扫描的方法，具体实现方法有多种，例如采用高精度二维步进电机，可以把扫描部分（聚焦超声探头或者聚焦光束）固定在步进电机上，通过程序设置步进电机的速度和步长，进行往返扫描，最后把采集的每个点的数据按照顺序放置形成光声图像。图像的横向分辨率除了本身系统聚焦点大小限制外，还和步进电机的扫描步长有关，最终的横向分辨率为步进电机的扫描步长，通常都将扫描步长设置和系统本身横向分辨率接近。

和光声层析成像相比，光声显微成像的成像算法要简单得多，在某一点的探测过程中，超声波探测器接收到的超声波信号可以按照探测信号的时间顺序，然后结合声速转化为距离，就能确定目标物体的位置，由此得到组织的一维信息。在逐点扫描探测的情况下，可以重建出物体的三维信息。通常情况下，轴向信息由于光照不均匀及探头接收纵深有限，该方向的分辨率不能准确反映出来，而更多的是以最大值投影的方式将三维图像沿着轴向投影到一个二维图像即最大值投影图像。

光学探测光声信号的方法，在探测结构上与声学分辨率光声显微成像系统相似。不同的是将聚焦超声波探头替换为光学探测探头，如图5.9所示。光学探测探头把光通过聚焦系统聚焦到成像目标上某点，理论上该系统的横向分辨率由聚焦光斑大小决定，纵向分辨率由系统可探测频率带宽决定。

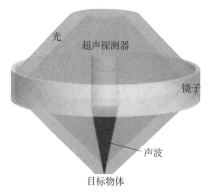
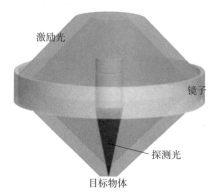

图5.8　声学分辨率光声显微成像系统　　　　图5.9　光学探测光声成像系统

5.5　基于光纤传感器的探测方式

大多数光声成像系统都是采用点状探测器探测光声信号，要获得一幅完整的图像，需要探测器或样品做圆弧形扫描。这些点状探测器通常由压电超声传感器实现。它对窄带光声信号的采集能达到较好的成像效果，但对宽带光声信号的采集却不理想，这是由于压电传感器尺寸的限制。在2004年，奥地利因斯布鲁克大学的Haltmeier[306]研究组提出了积分探测器的概念，它只需沿着一个维度积分压力信号。随后，几种类型的积分探测器都已经实现并且显示出巨大的潜力。该研究组已经实现了使用空间光束Mach – Zehnder[307]干涉仪的积分探测器以及基于光纤干涉仪的积分探测器。在实践中很容易构建只有一个转动轴的设备，由于压力场是沿着探测器积分的，所以三维传播的压力场可以减小到二维传播处理。

积分探测器可以使用光纤干涉仪来实现，该干涉仪测量原理是由于声压引起折射率的变化，它的实现方式既可以是空间光束，也可以是光纤中的引导光束。Haltmeier研究组还进一步研究了所有类型的积分探测器，并且比较了灵敏度[308]。Paltauf研究组对压电探测器的可行性进行了调查研究，指出现阶段压电探测器不适用于层析成像[309]。空间可见光束作为声学探测器不仅可以干扰传入的激发光脉冲，而且也能干扰传出的声波，它的主要缺点是高分辨率的实现只能在焦点范围处[310]。光束宽度和不同的光束直径对聚焦探测器具有影响[311],对于微小生物体(在毫米量级到几个厘米的范围内),只要该生物体位于透镜的焦深范围内,光束直径的变化不会对分辨率产生影响,对于较大的生物体,基于光纤的传感器则更合适。它具有如下所述的一些优势:由于光纤直径沿整个纤芯是均匀不变的,分辨率不依赖位置的变化,理论上分辨率仅由 9μm SMF 的纤芯直径决定。对于临床医疗影像,特别是乳腺成像,要求整个传感器具有恒定的高分辨率。因此,空间光束探测器并非是最佳选择。基于光纤的传感器易移动,而移动自由光束则需要重新调整光路,相对烦琐。另外,光纤传感器是可以应用于大体积、高分辨率的医疗成像系统中。医疗应用的一个重要问题为激光使用的安全性。对光纤传感器而言,激光被限制在纤芯中,不会产生激光损伤和辐射,对安全成像有一定保证。光纤传感器不需要电气设备连接,全部采用光纤连接,无电击情况发生。因此,光纤传感器是最有希望应用到医疗成像的检测设备。

医学光声成像的应用中,对比标准的压电陶瓷传感器,两种类型光纤干涉仪(MZI 和 FPI)的传感器具有相当的成像优势。这种传感器不仅没有电磁干扰,而且表现出更好的宽带频率响应。目前,采用两种不同类型的光纤材料:SMF 和 POF,两者都具有各自的优缺点。影响光声成像空间分辨率的一个重要参数就是纤芯直径。一般情况下,较小的纤芯直径可以更好地实现很高地空间分辨率。SMF 的纤芯直径为 9μm,而 POF 的纤芯直径为 50μm。任何干涉型声波传感器都需要具有稳定的最佳操作点。在传统的空间光束干涉仪中,可以通过调整反射镜间的距离达到最佳成像效果。基于光纤的干涉仪结构,反射镜通常是由 FBG 替代,需要使用可调谐光纤激光器达到最佳效果。因此,Hubert 研究组使用全氟化POF,它在 1550nm 波长处具有很小的阻尼振动。另外,由于全氟化 POF 对水具有更好的阻抗匹配特性,其灵敏度比 SMF 更高。且其杨氏模量远远低于 SMF,相同压力波作用下形变大于 SMF,因此全氟化 POF 具有更高的灵敏度[312]。

如图 5.10 所示,FPI 的灵敏区在两个 FBG 之间,可以使用基于光纤的 FPI 制成的传感器进行光声成像[313]。光纤光栅的反射率为 81%,两个光栅之间的距离为 11.5cm,干涉条纹的精细度约为 18。脉冲能量不高于 20mJ/cm²,生物组织和传感器都放置在水中便于声波传

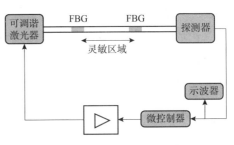

图 5.10 基于光纤 FPI 的传感系统

播。光声信号通过光纤 FPI 被收集，经过 PD 转换为电信号显示在示波器上，最后读取数据、利用重构算法成像。

另一种用于光声成像的传感器是采用 POF 制成的 MZI 结构。MZI 的灵敏区沿着整个 POF，可以检测来自不同环境的扰动[314]。它可以通过调整两个干涉臂的长度来达到最佳操作点，干涉条纹的精细度约为 20。如图 5.11 所示，使用了 MZI 获取由超声波引起的光相移，He - Ne 激光器发出 632.8nm 波长的光经过 50/50 的光学分束器耦合到两个 SMF 干涉臂。在测量臂中用两个接头引入一段 POF 作为传感区域，这部分被放入一个装满水的水箱中，超声波发射器也被固定在水箱中离聚合物光纤段有固定的距离。在水中测量是为了确保发射器和光纤之间超声耦合的一致性，同时将相位调制器放置在参考臂中，确保干涉条纹的可见性，可见性的优化则由 PC 决定。两个臂的输出光被重新耦合，干涉光信号经 APD 转换成电信号后显示于示波器上。

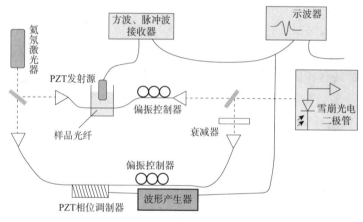

图 5.11　基于光纤 MZI 的传感系统

生物医学光声成像目前正处于蓬勃发展阶段，如何更方便、更快捷、更有效地探测光声信号至关重要，因此，对性能更优异传感器的研发已成为新阶段生物医学光声成像发展的关键问题。针对光声成像传感器实时精确化、无损化及简单化等方向需求，光纤传感器比普通光纤传感器更适合探测声波，其灵敏度更高、对比度更好、成像的空间分辨率更高，非常符合生物医学光声成像的发展趋势。

5.6　本章小结

光声成像技术作为一种快速发展的成像技术，同时具有光学成像的高对比度和超声波成像的高穿透度特点，可以根据不同物质的光吸收特性实现生物组织结构和功能成像，是一种非侵入、成本低、对人安全的医学成像技术，因此该技术得到了越来越多的关注和研究。光声成像的特点使得它可以满足人们在疾病的早期诊断和后期健康监测方面的要求，在生物医学影像诊断分析领域具有广泛的应用前景。光声信号的接收是成像的关键，采用传统的压电式超声探头接收光声信号会带来诸多不利，其中最重要的缺点是它必须借助耦合介质传输光声信号，限制了其应用范围，同时也给临床应用带来许多不便。此外，它容易遮挡激励光源，带宽有限，易受到电磁干扰。因此，需要使用光纤传感器来解决传统超声波探头带来的问题。本章阐述了目前生物医学光声成像的发展趋势及其在生物医学领域的重要性，论述了不同类型传感器对于光声成像重建方法的重要意义。特别指出了采用光纤传感器的优势和发展趋势，列举了采用光纤传感技术应用于生物医学光声成像的两种方法。

第6章 光纤超声波传感器在结构健康监测领域的应用

无损检测技术是结构健康监测的有效手段，超声波探伤是目前应用十分广泛的无损检测技术中主要的检测手段。该技术是通过研究超声波在被检工件中的传播情况来检测材料的结构和性能，广泛应用于铁路、冶金、造船、机械制造等工业。超声波测距技术凭借其操作方便、原理简单等优点，已被广泛应用于土木工程的各个领域，如结构无损检测、地形探测、测距技术等。本章主要对超声波无损检测技术和超声波测距技术原理、研究现状和存在问题进行分析阐述，并列举了多个光纤超声波传感器用于结构健康监测的实例。

6.1 超声波无损检测技术

6.1.1 无损检测与评价

NDT&E 是利用声、光磁和电等特性在不损害被检工件使用性能的前提下，检出被检工件的缺陷情况并提供缺陷的大小、位置及性质等信息，进而评价被检工件的安全性和可靠性[315]。

无损检测技术是保证材料质量和实现质量控制的有效手段，目前已被广泛应用于航空航天、铁路、造船、冶金和机械制造等工业，并带来了显著的经济效益。无损检测的常用方法有：渗透检测、超声检测、磁粉检测、射线检测和涡流检测，此外，红外检测、声发射检测、激光全息检测应用得也比较广泛。超声检测是无损检测技术中研究和应用最活跃的方法之一。通过研究超声波在被检材料中传播时的变化情况来探测材料性能和结构变化。超声波用于无损检测主要具备以下优点：检测范围广，能够进行金属、非金属和复合材料检测；波长短、方向性好、穿透能力强、缺陷定位准确、检测深度大；对人体和周围环境不构成危害；施加给工件的超声作用应力远低于弹性极限，对工件不会造成损害[316]。

6.1.2　超声波无损检测技术国内外研究进展

国外对于超声波检测技术的研究始于 20 世纪 20 ~ 30 年代。1929 年苏联科学家 Sokolov 利用连续超声波的穿透法研制成功了世界上第一台超声波检测装置。二战期间超声检测装置有了进一步发展，英国和美国分别于 1944 年和 1946 年成功制造出 A 型脉冲发射式超声波探伤仪[317]。20 世纪 50 年代，A 型脉冲反射式超声波探伤仪已被广泛用于发达国家的机械、钢铁制造以及造船等工业。20 世纪 60 年代以后，随着电子技术和电子元器件的进步，超声波检测装置也有了较大的改进。1964 年德国 Krautkramer 公司研制成功的小型超声检测设备成为近代超声探伤技术的标志[318]。20 世纪 80 年代，计算机技术和大规模集成电路得到了快速发展，各公司开始了数字式超声检测装置的研制，特别是 Krautkramer 公司生产的便携式数字化超声波探伤仪——USDI 型，代表着超声检测装置向数字化的发展趋势[319]。

20 世纪 50 年代，我国开始从国外引进模拟超声检测设备并应用于工业生产中。80 年代初，我国研制生产的超声波探伤设备在测量精度、放大器线性、动态范围等主要技术指标方面已有很大程度的提高。80 年代末期，随大规模集成电路的发展，我国开始了数字化超声检测装置的研制。近年来，我国的数字化超声检测装置发展迅速，已有多家专业从事超声检测仪器研究、生产的机构和企业(如中科院武汉物理研究所、汕头超声研究所、南通精密仪器有限公司、鞍山美斯检测技术有限公司等)[320]。目前，国内的超声检测装置正在向数字化、智能化的方向发展并且取得了一定的成绩。另外，国内许多领域(如航空航天、石油化工、核电站、铁道部等)的大型企业通过引进国外先进的成套设备和检测技术(如相控阵超声检测设备与技术)，既完善了国内的超声检测设备，又促进了超声波无损检测技术的发展[321]。

6.1.3　超声波无损检测技术发展趋势

超声检测技术的应用依赖于具体检测工件的检测工艺和方法，同时，超声检测还存在检测的可靠性，缺陷的定量、定性、定位以及缺陷检出概率、漏检率、检测结果重复率等问题，这些对超声检测仪器的研制提出了更高要求。

为克服传统接触式超声检测的不足，人们开始探索非接触式超声检测技术，提出了激光超声、电磁超声、空气耦合超声等。为提高检测效率，发展了相控阵超声检测。随着机械扫描超声成像技术的成熟，超声成像检测也得到飞速发展。目前，超声检测仪器已明显向检测自动化、超声信号处理数字化、诊断智能化、多种成像技术的方向发展[322,323]。

(1)检测自动化

钢铁和机械行业已经广泛采用了自动超声波检测设备和检测流水线，检测管材、线材或其他型材[324]。此外，各种专业检测仪器也不断涌现，如用于探测小空间管道的遥控自动爬车，用于检测变速齿轮焊缝的自动超声检测系统等。

(2)超声信号处理数字化

目前，超声信号处理已经广泛采用现代数字信号处理技术(如自适应算法、谱分离处理、小波分析等)，既能有效滤除超声回波中夹杂的噪声，又能对检测缺陷的特有属性进行分析，极大地提高了超声检测的准确性。

(3)诊断智能化

借助模式识别和人工神经网技术，既能智能识别超声检测中的缺陷类别，又能对检测结果进行智能化评定，在一定程度上降低了人为因素影响，提高了检测结果的准确性。

(4)超声成像技术

超声成像技术是超声检测技术的又一个重要发展方向。超声成像技术可以提供大量直观的信息，克服了传统超声检测技术的缺陷显示不直观、难以判断的缺点。

总之，随着自动化、人工智能、现代数字信号处理技术以及超声成像技术等的发展，超声检测设备正在向着自动化、智能化和数字化、小型化以及图像化发展。

6.2 超声波测距技术

6.2.1 超声波测距原理

超声波测距原理主要有三种：超声波幅值检测法、脉冲回波法和超声波相位检测法。

(1)超声波幅值检测法

超声波幅值检测法是基于超声波的衰减特性进行距离测量的。测量时，发射固定频率的超声波，利用对射法接收超声波信号，检测接收到的信号幅值，基于振幅衰减理论分析得声源与目标之间的距离。

$$A(x) = A_0 e^{-\alpha x} \tag{6.1}$$

$$x = -\frac{1}{\alpha}\left[\ln A(x) - \ln A_0\right] \tag{6.2}$$

式中，$A(x)$ 为接收信号的振幅；A_0 为发射信号的振幅；x 为超声波的传播距离（即射程）；α 为衰减系数，其大小与传播介质及自身频率有关，$\alpha = af^2$，a 为介质常数，f 为超声波的振动频率。由于超声波在空气中传播时，其衰减系数随着空气中介质含量不同而发生变化，极大地影响了该方法的测量精度和稳定性。

（2）超声波脉冲回波法

脉冲回波法又称渡越时间法其基本工作原理如图 6.1 所示，超声波发射换能器向外发射一束超声波，其在空气中传播时，遇到被测目标发生反射形成回波，接收换能器接收回波信号，通过检测从发射超声波至接收超声波所经历的时间 t（称为射程时间），即可计算出超声波发射器和被测物体之间的距离。

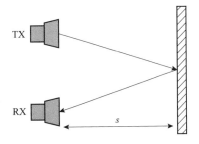

图 6.1　超声波脉冲回波法测距原理

$$s = \frac{1}{2}c \cdot f \tag{6.3}$$

式中，s 为超声波发射器与被测物体之间的距离；c 为超声波在空气中的传播速度；f 为发射和接收信号之间的时间差。

根据式可知超声波在空气中的传播速度与环境温度有关，当环境温度发生变化时，声速也随之改变。在较短的时间内，通常假定环境温度恒定不变，从而可近似认为超声波空气中的传播速度保持不变。当测量精度要求很高时，可在超声波测距仪中内置温度探头，实时监测测量环境温度变化，以补偿环境温度变化对测距精度的影响。

（3）超声波相位检测法

超声波相位检测法主要是基于发射波与接收波的相位差进行测距，其基本原理如图 6.2 所示，超声波发射换能器沿被测物体方向发射连续的超声波正弦信号，接收端接收换能器接收到信号后，通过比较反射波与接收波的相位变化，即可确定超声波发射器与接收器之间的距离。

$$d = ct = \frac{\Delta\varphi c}{2\pi f} = \frac{\lambda}{2\pi}\Delta\varphi \tag{6.4}$$

式中，c 为超声波的传播速度；f 为超声波的频率；$\Delta\varphi$ 为发射与接收信号的相位差。

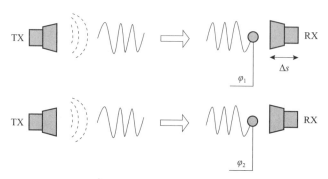

图 6.2 超声波相位检测法测距原理

连续超声波相位检测法是通过检测发射和接收信号的相位差来实现距离测量的，因而其测量分辨率非常高，不存在"死区"（超声波发射器前的一段距离范围，在该范围内检测不到被测物体）。但是，相位检测法存在相位缠绕的影响，相位差不能超过 2π，则测量距离不能超过一个波长。同时，在对超声波进行相位分析时，为了避免相位参考点振幅值的选取对应两个不同的相位坐标，因此，参考点往往选取波形的单调区间即半个波长，故连续波相位检测 $\lambda/2$。

综合考虑以上三种测量方案，峰值检测法测量精度和稳定性较差，脉冲回波法虽然量程很大，但由于存在发射间隔，不能满足桥梁挠度实时监测的需求。而连续波相位检测法具有很高的位移测量精度和灵敏度，可以实现桥梁动挠度实时精确监测，但其测量量程较小，因此仅适用于挠度较小的中小跨桥梁。

6.2.2　超声波测距技术存在问题

（1）超声波传播速度不恒定

超声波在介质中的传播速度随着周围环境（温度、压力等）的变化而变化，空气中传播时受温度影响最明显。因此，超声波测量系统中应加入温度补偿模块以实现超声波波速的实时修正。

（2）超声波测量距离与方向性均衡问题

超声波具有束射特性和衰减特性。超声波频率越高，束射性和方向性越好；然而当其频率提高时，信号衰减也随之增大，从而影响测量距离。因此，如何设置超声波频率，获得方向性好、测量距离大的超声波测距系统，是现阶段的一大研究方向。针对此问题，可在测量回路串入自动增益调节模块，使得电路放大倍数随测量距离增大相应地规律递增可有效解决衰减问题。

（3）超声波测量盲区问题

由于惯性，发射换能器在发射脉冲信号结束后将继续振动，产生余振。余振时，接收换能器无法区分回波信号和余振信号。因此，必须等余振停止或衰减到足够小时，才能允许超声波接收器正常接收回波信号。这段无法通过超声波传播检测到的距离为超声波测量盲区。为此，马志敏等提出自动依照测量距离来调整发射拖尾波覆盖信号的宽度，李强等提出通过增大余振衰减系数的方法，尽快减小余振，从而消除余振的干扰。

（4）超声波旁瓣影响

由于多个超声波换能器的互相影响，超声波信号有可能由近源波束旁瓣或超声波换能器绕射波直接到达接收器，导致接收器接收到的第一个回波一般是串扰直通波。为此一般要求两个探头之间安装距离应不小于3cm。

（5）混响信号干扰

由于水中介质及界面等非目标物对发射信号的反向散射波在接收点叠加产生混响信号，且其回波信号频率与发射信号接近，很难通过一般滤波电路或算法消除。对此，可以通过控制接收放大电路的增益，以此抑制混响信号的幅值。

综上所述，超声波测距技术可实现非接触式测量，然而现有的超声波测距系统依然存在工作频带窄、精度低、测量距离和方向性矛盾等众多问题。此外，超声波测距技术难以实现多点分布式及长期稳定监测。

6.3　光纤超声波传感器用于结构健康检测的实例

6.3.1　桥梁检测

随着我国道路交通事业的快速发展，推动了国内道路桥梁工程建设的不断发展与道路桥梁工程质量的不断提升。其中，工程检测是进行工程质量控制的有效手段，受道路桥梁工程建设发展及其工程技术水平不断提升的影响，进行道路桥梁检测应用的技术手段也越来越多样化，其检测应用的效果也越来越显著。

桥梁桩基检测中存在的主要病害问题为桥梁桩基缩径、离析、沉渣、接桩和夹层断桩等。其中，桥梁桩基的缩径问题主要表现为：桥梁桩基施工中，因机械设备以及施工人员、工程地层特性等原因影响，导致桩基成孔后进行灌注的混凝土前桩的直径，与原有的设计桩径相比出现缩小变化，使其单桩截面积不符合桥梁桩基施工的具体要求，从而表现出桩基承载力不足等问题，严重影响了桥梁桩基的结构安全和质量。而桥梁桩基的离析问题则是指混凝土灌注施工期间，由于混凝土搅拌不够均匀，导致混凝土凝固后的强度不足。因此，对桥梁桩基的结构强度产生影响，使其不符合有关技术要求和质量标准。桥梁桩基检测中存在的接桩问题指的是进行预制桩的接桩处理中，未能将其接头位置清理干净，并确保焊接的质量和效果，或者未严格按照有关要求进行冷却处理等，都会导致接桩部位出现开裂或脱开等，对桥梁桩基质量产生影响。此外，桥梁桩基的检测中，还存在有桩基夹层以及断桩、沉渣等问题，例如，在桩施工期间，由于其泥浆比重较大或者是出现塌孔后清孔不彻底等，都会造成桥梁桩基的沉渣过厚等问题，对其桩基质量产生不利影响；而桥梁桩基的夹层与断桩等问题，则主要表现为桩基施工中由于施工人员的技术和经验不足，导致对混凝土的施工和应用不合理，引起混凝土灌注桩的连续性无法保证，从而发生断桩或夹层等情况，危害桥梁桩基的质量和结构安全。

2017 年中南大学董少博等人通过分析桥梁工后不同阶段挠度变化规律，提出在实验室环境下桥梁挠度监测模拟实验方案，并分别进行了基于光纤超声波静态位移传感系统的大、小挠度模拟实验和基于光纤超声波动态位移传感系统的动挠度模拟实验(实验系统如图 6.3 所示)，验证了基于多模干涉效应的光纤超声波传感系统可以实现桥梁静、动挠度的非接触式监测，为实际桥梁静、动挠度监测提供了可靠的理论依据和技术支持[325]。

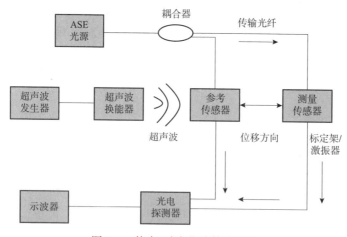

图 6.3 静态/动态位移传感系统

同年，该课题组的王自远等人在理论上研究分析了基于超声波及声波测距实验以及声波结合超声波，提出了声波结合超声波用于位移传感监测的技术，旨在利用低频声波测量量程大以及超声波测量精度高的特点，实现位移传感监测，并通过位移传感实验，验证了该测距技术的可行性。在此基础上设计并搭建了桥梁沉降模拟实验系统。其中，参考传感器作为整个桥梁沉降变化监测的参考点，通过标定架进行精确的位移控制来实现桥梁沉降变化规律，并利用夹具将实验仪器固定在防震台上，保证其稳定性，具体实验布置方案

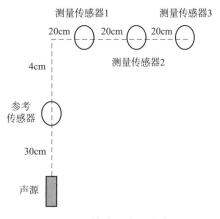

图 6.4　传感器布置方案

如图 6.4 所示。通过模拟桥梁沉降各个阶段的变化规律，进行了沉降监测实验，验证了位移传感监测系统在桥梁沉降监测领域的可行性及性能指标，为该系统实际应用于桥梁沉降监测提供了理论及实验依据[326]。

6.3.2　复合材料及金属材料损伤检测

CFRP 材料具有轻质、高强度、高刚度、良好减振特性、耐疲劳、耐腐蚀等优异特性，在航空航天以及许多民用领域有广阔的应用前景[327]。为实现这些 CFRP 结构的健康检测，同时保证附加传感器不过多增大结构质量，研究人员尝试使用超声波激励光纤光栅检测技术进行 CFRP 材料的冲击、分层、脱粘等损伤检测。由于 CFRP 结构多为板件结构，而 Lamb 波传播距离远，衰减小，对微损伤敏感，非常适合大面积板件结构的无损检测[328]，因此，Lamb 波激励下光纤光栅传感的 CFRP 损伤检测是目前的一个研究热点。

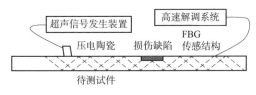

图 6.5　超声激励光纤光栅检测系统

Tsuda 等[329,330]将超声波激励光纤光栅检测系统用于 CFRP[0/90]2s 可视冲击损伤检测（检测系统如图 6.5 所示），证明光纤光栅可以检测出材料内经过缺陷和未经缺陷的超声信号差异，而 PZT 则无法区分。

Soeji-ma 等[331]使用基于 AWG 滤波光纤光栅解调系统对 CFRP 材料进行冲击试验研究，证明解调系统的输出电压值随冲击载荷的增大而增大。且可根据各通道

信号的输出大小分析冲击能量大小和部位，同时指出光纤光栅越长越容易实现冲击载荷的检测。Lee 等[332]使用可移动式光纤光栅超声波探头对，以 1mm 的步长扫描 CFRP 材料中的微小冲击损伤，成功获得冲击损伤的宽度尺寸。

东京大学的 Takeda 等使用光纤光栅对 CFRP 复合材料板分层缺陷下的 Lamb 波传递特性进行检测。实验发现 Lamb 波经过分层缺陷后，信号幅值减小，并产生新的传导模式，可通过新模式到达的时刻和新模式幅值与 A_0 模式幅值的比值来分析分层缺陷的长度。Lam 等[333]也将超声波激励光纤光栅检测技术用于 GFRP 板的分层缺陷的研究。实验表明：该技术容易实现板件近表面处的分层检测，且再次证明板中出现分层时，Lamb 波将产生新的传导模式。他们又提出了利用新模式的传播速度判断分层缺陷的长度。Tsuda 等[334]对 CFRP 固体火箭发动机壳体加压过程中的声发射信号进行检测，试验中将光纤中未刻写光纤光栅的一段粘贴于待测结构表面，从而保证光纤光栅不受待测结构所加载荷的影响，声发射信号通过粘贴点传入光纤，进而作用于光纤光栅。

由于金属材料在机械装备中仍旧处于主导地位，因此，一些学者也把目光转到了金属结构损伤检测的研究。Betz 等[335]将光纤光栅同时用于 NS4 铝合金板疲劳测试中载荷大小和板中 Lamb 波的测量。试验证明光纤光栅既可用作应变传感器又可用作超声波传感器，可通过超声波波包的幅值及到达时间的差异判断长度大于 10mm 的裂纹大小。Tsuda[336]等使用超声波探头 – 粘贴式光纤光栅对不锈钢板的开式和闭式裂纹进行检测，实验验证了当光纤光栅与超声波探头之间的连线超过裂纹尖端时，光纤光栅的响应信号开始滞后，且对开式裂纹响应信号的时间滞后比闭式裂纹大，信号的频率越大，响应信号的时间滞后越明显。此后，他们又使用可移动式光纤光栅对不锈钢 18Cr8Ni 的闭式疲劳裂纹进行检测[337]。Botsev 等[338]尝试将压电激励 – 光纤光栅传感阵列用于铝板损伤信息的检测。目前的研究还主要限于单板件局部缺陷的损伤检测问题，尤其是 CFRP 复合材料板内的超声检测，对于机械装备广泛使用的金属结构损伤问题及复杂结构中多损伤问题的研究还很少涉及。

6.3.3 混凝土无损检测

混凝土无损检测是指在不破坏被检测建筑结构的组成和使用性能的前提下，对其破坏情况及损伤变化趋势进行检测的方法。目前，在混凝土中应用的无损检测方法主要有声发射法、超声波法、射线检验法、红外热谱法和可视化数字图像方法等。同时，一些新型方法也不断涌现。针对这一领域的研究已有一定规模，但仍有一些问题和难点尚待解决。

（1）声发射法

声发射技术是由 Kaiser 于 20 世纪中期提出的，其原理是利用声发射源释放能量引起被测物体产生机械扰动，利用传感器检测介质表面的机械扰动并转化为可识别的电信号。国际上较早将声发射技术应用于混凝土无损检测的是 Ohtsu M 等，其通过测试混凝土结构受压破坏时的声发射特性，捕捉到混凝土内部微小裂纹的产生和发展。

（2）射线检测法

用均匀强度的射线束透射物体，射线会在透射过程中产生衰减。射线检测法是依据缺陷引起射线强度衰减的差异来检测混凝土内部缺陷，其基本原理如图 6.6 所示。

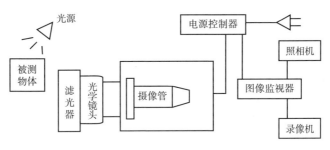

图 6.6　射线检测流程

射线无损检测方法的优势在于显示直观，能较精确地检测出缺陷的数量、大小、厚薄和分布，精确度较高，适用性广泛。而缺陷为易受透照角度的影响，对垂直方向的缺陷难以检出，成本较高，检测速度较慢，且射线对人体有辐射，需采取防护措施。

（3）红外热谱法

红外热谱方法是依据被测物体散发出的红外热在缺陷处传播不均匀而引起红外线传播路径的改变，红外辐射能量被红外探测器侦测后经处理转换为红外热图像的无损检测方法。

红外热谱法的优点是直观快速，能识别缺陷位置，可实现自动化实时检测，对环境影响小，适合现场应用在役检测。但红外成像存在边缘模糊问题，图像有较大噪声，且对外形复杂的构件进行缺陷检测时需有更有效的数学计算模型。

（4）可视化数字拍摄图像处理法

可视化数字拍摄图像处理法的原理是基于相机拍摄的矢量数据模型，通过对影像特征点的提取和识别，分析混凝土表面裂缝的分布特点，最终得出混凝土结构损伤的发展特性和趋势。

可视化数字拍摄图像处理法可快速获取混凝土结构的缺陷形态和损伤分布，适合于动态损伤检测，后期结果处理速度快，检测精度相对较高。但在图像处理算法选用、裂缝提取识别、表观裂缝如何反映内部实际破坏情况等方面仍存在较多难点。

（5）超声波法

超声波检测是利用缺陷在超声波传播过程中引起传播能量和时间产生的变化，以此来检测混凝土内部缺陷的无损检测方法。与声发射检测方法相比，该法属主动声呐技术，可实现对缺陷的主动检测。Jones 等于 20 世纪 60 年代将超声波检测技术引入混凝土无损检测中，利用超声脉冲对混凝土强度及其变化进行了最初的研究。

在国内，刘镇清等[339]最早将该技术应用于混凝土无损检测。周凯、赵望达[340]等的研究表明，超声波检测主要依据波速、波时和频率等参数的变化检测混凝土破坏损伤情况。周凯[341]等研究并指出混凝土超声波检测主要应用纵波进行检测。王怀亮、宋玉普[342]应用超声波技术研究了混凝土在受压下的超声波传播特性，测量超声波在加载过程中的传播波速，并提出了荷载和波速之间的对应关系。

与其他检测方法相比，超声波检测具有穿透能力强，损伤定位准确，能有效检测出面积性缺陷，应用范围广泛且灵敏度较高等特点；但因对超声波噪声信号缺乏有效的处理，故超声波成像分辨率有待提高。

6.4 本章小结

在本章中，介绍了超声波无损检测技术和超声波测距技术原理、研究现状以及目前存在的问题，并列举了光纤超声波传感器用于结构健康监测的实例，如桥梁检测、复合材料及金属材料损伤检测、混凝土无损检测。

第7章　全光纤超声波检测

全光纤超声波检测系统具有高分辨率、体积小、便携等优点，非常适合小空间探测领域。超声波检测系统分为超声波的发射和超声波的探测。光纤声发射传感器具有体积较小、频率带宽高、灵敏度高、损伤阈值高，以及与被测物体无接触，同时是无源传感器，能够用于复杂恶劣的环境。本章介绍了光纤声发射技术的分类、研究现状和应用领域，并提出了基于 POF 的超声波发射源，在不同媒介中表征了超声波沿 POF 的传输特性。

7.1　声发射技术

光纤传感器作为一种新型传感器发展于 20 世纪 70 年代中期，与传统的电类传感器有显著区别，光纤传感器使用光信号作为传感信息的载体，本身既是信号的传输通道又是传感器。AE 传感技术是在光纤传感技术研究的基础上发展起来的无损检测技术。AE 也被叫作应力波发射，是一种物质中的局部源快速释放能量以产生瞬态弹性波的现象[343]。声发射检测技术的主要目的是推测出声发射源。它是通过使用一些特殊机器来按照检测、记录和分析声发射信号这几个步骤来实现的[344]。光纤声发射传感器有以下几个方面优势在实际应用中非常方便：它的体积比较小，频率带宽高，灵敏度高，损伤阈值高，与被测物体无接触，最重要的是它能够用于多样的恶劣环境。

7.1.1　声发射检测技术国内外研究现状

德国的 Kaiser 在 1950 年初首次研究了声发射现象，他最有意义的发现是材料形变时的不可逆效应，即材料被重新加载期间，应力值达到上次加载最大应力值之前不产生声发射现象。人们称材料的这种不可逆现象为"Kaiser 效应"[345]。同时期，日本很多学者做了大量的实验，探索不同种材料的声发射原理，并运用到材料无损检测中[346]。1960 年，美国对于声发射的研究有了突飞猛进的发展，Schofield 认为材料的内部结构决定了声发射的机制[347]。Dunegan 第一次把声发射技术运用于容器的检测。1967 年，美国成立了声发射工作组，1969 年日本成立了声发射协会。在 20 世纪 70 年代初，Dunegan 等人对于现代声发射仪器做了大量研究，取得了一定的成果。在实验室条件下，他们测试 100kHz ~ 1MHz 频率下声发射源的响应，这也迎来了声发射技术的新一轮研究高潮。随着科学家深入研究，声发射检测技术日趋成熟，为声发射检测技术从实验室材料研究阶段发展到了工程现场应用阶段创造了良好的条件[348,349]。

在 1973 年，声发射技术引入中国，武汉大学和沈阳金属研究所等很多高校和科研院所展开了研究[350]。在 80 年代初期，很多学者开始利用声发射技术来进行压力容器检验等工程应用，但声发射传感器的性能以及信号处理方面存在不足，且一些学者对声发射技术的原理和信号传输特点没有深入研究。尽管研究人员做了很多实验，但是都没有达到理想的效果，因此当时的声发射技术还没有达到较好的发展[351]。最近 20 年，声发射技术已经有了一个突飞猛进的发展。特别是在最近 20 年里，随着计算机在信号处理方面的重大突破，声发射技术开始迅速发展。目前声发射技术的应用范围极广，包括石油化工、航天航空、冶金建筑、铁路等[352]。

山东科技大学的谭云亮等人在"冲击地压声发射前兆模式初步研究"的研究成果中，说明了声发射检测冲击地压的可行性。它主要通过研究声发射信号和岩石材料的损伤情况来验证。根据现场测量研究，提出了可能产生冲击地压的 AE 活动的四种模式的类型："单一突跃型""波动型""指数上升型"和"频繁低能量前兆型"。同时研究了松动爆破对冲击地压的防治效果，这对冲击地压的监测预警有重大意义[353]。

沈功田、耿荣生、刘时风在"声发射信号的参数分析方法"中系统地介绍 AE 信号简化波形特征参数的定义和分析方法，包括列表显示和分析、单参数分析、经历图分析、分布图分析和关联图分析等[354]。并在"声发射源定位技术"中，介绍了 AE 源的定位方法，系统地讲述了基于 AE 信号时差测量的线定位和面定位技术，并研究了影响 AE 源定位精度的原因[355]。

杨磊、冯美华在"声发射监测评价冲击地压危险状态的机制及应用研究"中，通过分析 AE 活动与煤岩损伤的关系来验证 AE 监测技术在冲击地压危险状态评定和预警应用中的可行性。根据测试结果验证了 AE 指标与煤层冲击倾向性的相关性，并将研究成果应用到实际中。研究结果表明：AE 活动能够直接反映煤岩材料的损伤程度。AE 活动的峰值能量与煤层冲击倾向性存在的正相关关系可以作为煤岩发生冲击破坏能力的指标，同时也是评定冲击地压是否发生的基础。为权衡发震概率和报准率，使用 AE 敏感指标地音异常系数对冲击地压是否发生给出了评价和预测，确定了可能存在危害的范围和等级，便于提早进行避险，减小冲击地压带来的后果[356]。

Armstrong BH 在"Acoustic emission prior to rock bursts and earthquakes"中，根据地震前动物躁动的流行报道，对地震前声应变和破裂辐射的发射可能性进行了半定量研究。已经在实验室和矿井中观察到了这种排放，并讨论了这些报告对动物行为报告的影响。在可获得定量数据的范围内，讨论了人和动物的比较听觉/振动反应。理论估计是通过对高应力区域中的初步压裂而发出的声音的频率进行推导的。矿山中岩爆条件的结果与观测信号的频谱一致。在地震条件下的应用表明，应在高听觉到低超声频率上发生一些发射。还获得了这种发射强度的估计值，以确定在实际基础上是否可以检测到它。这些结果导致传输范围估计，对于正常压力下的岩石 Q 值，传输范围估计表明范围很短，在某些非常有利的情况下充其量只有极少量的检测可能性。但是，由于已知岩石 Q 值会随着压力而增加，要指出的是，这可能导致高应力区域内的局部透射范围大大增加。这种效果可能允许实际观察到应变场扩展到地面的浅层地震的初步排放[357]。

Kalafat S、Sause MGR 在"Acoustic emission source localization by artificial neural networks"中，提出一种使用神经网络的替代定位方法，并以实验训练数据作为建模基础。为此，神经网络的输入数据通过对测试源测试得到。随后，可以将训练后的神经网络应用于来自测试对象的材料故障的记录数据。所提出的方法通过使用带有金属衬里的Ⅲ型碳纤维增强聚合物压力容器进行了验证，并且与使用到达时间差的既有定位方法进行了比较。结果表明：基于神经网络的方法不仅精度高出 6 倍，而且还使局部源位置的散射降低了 11 倍。对于基于神经网络的方法，定位精度仅受理论定位精度的限制，该理论定位精度基于采集链的测量误差以及随后确定检测到的信号的到达时间。因此，在实验训练数据的基础上使用神经网络进行源定位非常有希望达到理论测量精度的极限[358]。

7.1.2 光纤声发射检测技术分类

目前，光纤 AE 传感器主要有强度调制型、波长调制型和相位调制型[359,360]。当声发射波的变化引起光纤中光强大小变化时，可以通过测量光强的变化量来实现对 AE 信号的检测，这种检测方法称为强度调制。在光纤传感研究领域中，强度调制是最早使用的测量方法，适用于在不需要定位 AE 源并且测量精度要求不高的场合[361]。该传感器的缺点是：传感器制作难度高、光源波动、连接头处产生的损耗和光电探测器的影响都引起光强变化，导致输出量与真实变化量存在偏差；对微弱 AE 信号的检测难度较高，灵敏度较低[362-364]。

近几年报道较多的波长调制型光纤 AE 传感器主要是 FBG 传感器，其敏感元件为 FBG。其工作原理是通过 AE 波调制光栅的 Bragg 波长，然后由反射光波长的改变来检测 AE 信号。FBG 传感器灵敏度较高，容易构成分布式测量，但其对温度敏感，解调方案复杂。从上述研究结果来看，解决基于 FBG 声发射传感器温度和应力交叉敏感问题是其实用化的关键所在[365-367]。

在众多光纤声发射传感器中，相位调制型光纤传感器应用最广泛。已研制成功的传感器主要有：Michelson 传感器、MZ 传感器、Sagnac 传感器、FP 传感器。Michelson 和 MZ 声发射传感器在早期研究较多，国内哈尔滨工程大学已成功在实验室环境下运用两类传感器测试了声发射，但是由于其对环境干扰和温度敏感，限制了它们的使用范围。Sagnac 声发射传感器的优势体现在大型构件完整性测试与评估，并且适合高频信号的检测。此类传感器优点是抗干扰能力强，易于组网；缺点是对于低频信号不敏感，偏振衰减大并且对温度敏感。FPI 运用多光束干涉原理，与其他几类传感器相比，具有高检测精度、高灵敏度、易于分布组网、构成原理简单、对温度不敏感的特点，具有较高的研究价值。国外对其研究较多，国内报道较少[368-370]。

7.1.3 光纤声发射检测实例

(1)光纤 AE 技术用于煤矿井塌方预测

煤矿的安全开采对煤炭的生产至关重要，其中煤矿塌方不仅会威胁到人员安全，而且对井下救援造成一定的困难。救援困难原因主要是井下在一种断电环境下不容易获取到被搜救人员的信息。因此，能准确预测矿井塌方是否发生及其位置并进行预警对保证煤矿的安全显得尤为重要。由于煤矿井下存在严重的电磁干扰、具有大量易燃易爆气体等复杂环境，可以通过声发射检测技术对其进行监测，因为光纤声发射传感器具有体积比较小、频率带宽高、灵敏度高、损伤阈值高，以及与被测物体无接触，同时是无源传感器，能够用于复杂恶劣的环境[371]。王欣欣等[372]通过收集某煤矿产生冲击地压前后的声发射信号，对其进行小波频谱分析，指出当测量的声发射信号的主频率大幅降低、振幅急剧增加等可作为发生冲击地压的特征，对冲击地压进行预测。李云鹏等[373]以钻孔卸压原理及分布式光纤传感技术为基础，将钻孔卸压过程分为裂隙发育阶段、极限平衡阶段、塌孔阶段、破碎煤体压实阶段等四个阶段。基于以上研究，通过研究光纤 AE 传感器的优点，结合煤矿井下的特殊环境，研究人员设计了一种适合于煤矿井下的光纤 AE 传感器结构。

由 Sagnac 光纤 AE 传感器的结构及原理可知，它有三大优点：第一，Sagnac 光纤 AE 传感器调制的两光束通过同一传感光纤，使 Sagnac 光纤传感器可以避免外界环境的干扰；第二，Sagnac 光纤 AE 传感器的光程差为零，不存在由传感臂和参考臂不等长引起的噪声，因此对光源相干性要求比较低，可使用高功率的宽带光源，更适合长距离分布式的检测；第三，Sagnac 光纤 AE 传感器具有方向性。因此，一般选择 Sagnac 光纤 AE 传感器进行煤矿井塌方预测的研究。在应变片中，一般将存在多个不同轴向敏感栅的应变片称为应变花。为了实现在煤矿井下进行空间定位，仿照全桥应变片，可以使用 Sagnac 光纤 AE 传感器组建成一个 Sagnac 光纤 AE 传感器应变花，如图 7.1 所示。

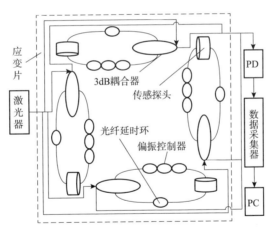

图 7.1　Sagnac 光纤 AE 传感器应变花系统[302]

在 SMF 中对四个光纤 AE 传感器进行刻写，并利用波分复用的技术进行复用。该光纤 AE 传感器不但可以检测 AE 信号，且能检测煤岩体所受应力、应变等力学参数，还可以对声发射源进行空间层面的定位，从而能够查询到声发射源的位置。

（2）光纤 AE 技术应用于飞机起落装置损伤监测

起落架作为飞机的一个重要组成系统，其主要作用是支撑飞机机体，特别是承受在飞机起飞、降落、滑跑时的冲击力，常常是疲劳裂纹的多发部位，特别是焊缝部位往往是应力集中的区域，容易产生疲劳源，进而发展成疲劳裂纹。常用的检测方法有超声波检测、磁粉检测等，这些检测方法均属于静态检测，即飞机停放在地面时才可进行检测工作，属于周期性检测，不能实现实时损伤监测。

起落架在使用过程中引起内应力变化的因素很多，如位错、裂纹萌生和扩展、断裂、无扩散型相变、磁畴壁运动、外加荷载的变形、热胀冷缩等[374]。从这些发射的弹性波最终传播到达材料的表面会使得 AE 传感器接收到表面震动，光纤传感器将接收到的表面震动转换为电信号，接着再被放大、记录和处理。根据观测到的 AE 信号分析与推断材料产生的 AE 机制，从而判断材料是否完整可靠。

在起落架外筒焊缝处布置光栅传感器，捕捉焊缝处裂纹扩展信号。传感器的布置主要涉及三个方面的内容：一方面是在不丢失结构的动态信息前提下减少传感器的数目；另一方面，因为传感器配置位置严重影响到参数识别的精度，所以信号采集的精度问题需要重点考虑，在传感器位置的优化方面，有基于 AMI 神经网络和遗传算法等优化方法；第三个方面，传感器的安装位置，主要是在起落架焊缝等承力部位，并且要固定牢靠，不受其他飞机上机件的影响[375]。

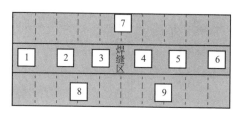

图 7.2　传感器布置示意图

利用飞机前起落架外筒焊缝进行了试验，试验共采用 9 个光纤传感器，其中 7#、8#、9# 为 SDPR 三角形面定位对该人工缺陷进行监测，1#、2#、3#、4#、5#、6# 为 SDPL 线定位，对缺陷及整个外筒焊缝区域进行线定位监测。传感器排列如图 7.2 所示。为方便观察，图中焊缝为沿起落架外筒轴向展开状态。传感器通过胶接方式安装在起落架外筒表面，尽管不能精确感知结构内部的损伤信息，但对外筒结构强度、刚度无影响[376]。

（3）光纤 AE 技术应用于轴承状态监测

据统计，旋转机械的故障有 30% 是轴承故障引起的，轴承的健康状况对机械的工作状况有极大的影响。在航空器变速等鲁棒性较低的系统中，轴承的早期微弱故障就会导致灾难性的后果，需要进行早期故障的有效检测判别或状态监测。

传统的检测轴承局部损坏的方法往往采用测量靠近轴承处的振动和噪声信

号。轴承故障特征频率信号被轴承振动信号所调制，频率为 5kHz～20kHz 范围内。AE 方法检测到的是轴承振动与撞击使金属材料内部产生变形而形成 AE 信号，该信号对特征频率进行调制，其带宽约为 30kHz～1MHz 范围，可以避免其他振动源和噪声对信号的影响，使得 AE 检测优于振动检测[377]。该方法可有效检测到故障的早期状态，准确判断故障类别和严重程度。

光纤光栅 AE 检测是采用 FBG 作为传感器，通过 AE 波调制 FBG 波长，然后由反射光波长的改变来检测 AE 信号，经声－光－电转换的环节后被计算机提取。FBG 传感头结构简单、尺寸小、重量轻、封装外形可变，适合在恶劣环境中工作。传感系统具有高灵敏度、高分辨力、抗电磁干扰的特点，则 FBG 对材料产生的声发射信号较为灵敏、检测频域较宽，可以代替传统 PZT－AE 传感器进行检测与实时监测。

图 7.3 为光纤光栅 AE 传感系统结构，主要包括光纤传感部分和信号处理部分。光纤传感部分包括：FBG 传感器、光源、隔离器、Y 型光纤耦合器；信号处理部分包括光电转换电路、放大电路、滤波电路、A/D 电路和 FPGA。其中 FBG 传感器由胶紧固在封装材料内，可重复使用。封装的 FBG 传感器与被检件之间添加耦合剂。光源为可调谐窄带 DFB 激光器，谱宽小于 0.05nm。光源经过隔离器与 Y 型光纤耦合器的 A 端口相连接、光纤耦合器的 B 端口与信号处理部分的光电转换电路相连接、光纤耦合器的 C 端口与 FBG 传感器相连接。光源输出的光通过隔离器，从光纤耦合器的 A 端口进、C 端口出，到达 FBG 传感器。符合光栅中心波长的光被 FBG 反射后，又从 C 端口返回 Y 型光纤耦合器，一半的光从端口 B 出射后被隔离器阻隔，另一半的光从 A 端口输出，进入光电转换电路转换为电信号，再依次经过放大电路、滤波电路、模数转换电路，进入 FPGA 进行数据综合处理，最后数据经过 PCI 总线进入计算机。

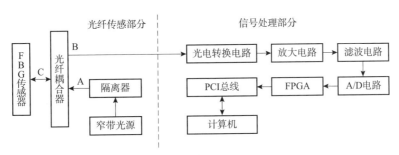

图 7.3　光纤布拉格光栅 AE 传感系统结构图

在滚动轴承的外圈用电火花加工均匀分布的 9 个模拟点蚀故障，载荷工况为 5kN，转速工况为 600r/min、1200r/min。轴承运行时，故障点与其余部件的碰撞发出的 AE 信号属于瞬时脉冲信号，它具有信号频谱宽、低频信号含量丰富等特点，这也使得 AE 信号常常被低频干扰信号淹没，不能得到有效分析。采用共振解调算法，通过一个带通滤波器将低频干扰信号和超高频干扰信号滤除，得到经共振放大的高频信号，其中也含有轴承的故障信息；再对放大后的高频信号进行解调，使用希尔伯特变换（包络检波）提取出高频信号的波形，再经过低通滤波滤除高频干扰信号，得到包含轴承故障信息的低频信号。经 FFT 变换后可得 AE 信号的频谱。通过轴承故障的理论公式、经验公式得到的故障频率与信号频率进行比较。图 7.4 和图 7.5 是对实际故障轴承（外圈点蚀故障）检测时的情况：在轴转速分别为 600r/min 和 1200r/min 时，采用 PZT – AE 传感器与光纤光栅 AE 传感器采集的滚动轴承故障时域数据利用共振解调算法之后得到频域数据。

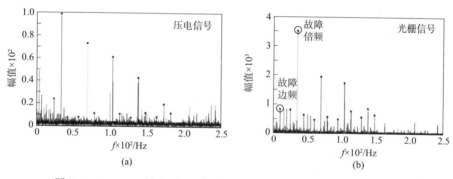

图 7.4　600r/min 转速下 AE 传感器检测到的滚动轴承外圈故障信号

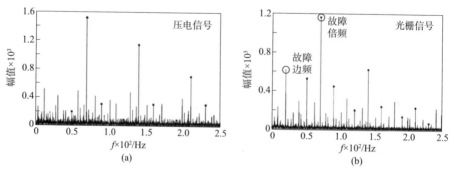

图 7.5　1200r/min 转速下 AE 传感器检测到的滚动轴承外圈故障信号

通过对比发现，光纤光栅 AE 和 PZT – AE 检测方法所采集到的信号均能有效地反映出轴承外圈故障频率及其倍频。PZT‒AE 传感器采集到的信号在分析故障频率的边频时，受到谱底噪声的干扰较为严重；而光纤光栅 AE 传感器采集到信号谱底较为干净，有利于分析出故障频率及其倍频，同时能较好地分辨出故障频率的边频成分，这样将有助于分析故障的严重程度。检测到的边频越多，且边频的幅值占主频幅值的比例越高，则故障越严重。因此，光纤光栅 AE 检测方法效果更好。一般来说，转速越高（＞600r/min），故障频率越明显；直升机轴承的工作转速普遍较高，因此有很强的针对性。

（4）光纤 AE 技术应用于变压器局部放电在线监测

变压器是电力工业中重要的电气设备之一，由于长期运行在高电压，强磁场等恶劣的工作环境中，变压器内部绝缘性能较差的部位易发生局部放电，导致绝缘材料损伤，甚至造成变压器损毁，引发重大安全生产事故并产生巨大经济损失[378]。变压器在局部放电过程中，由于分子的剧烈撞击导致绝缘材料的微小开裂、气泡的产生和爆裂，这种能量的突然释放在变压器内部产生瞬态应力波，即 AE 现象[379,380]。与其他检测方法相比，AE 检测技术可以对变压器局部放电进行实时在线监测与故障定位。因而，利用 AE 技术进行局部放电监测受到越来越多的关注。

实验中采用长度为 12mm 的传感光栅制作光纤 AE 传感器，并使用环氧树脂封装，将制作好的传感器植入变压器内部开展局部放电 AE 信号测量试验。选择体积为 78cm × 72cm × 93cm 的 30kVA 油浸式变压器开展局部放电在线测量实验。在箱体的一侧开一个小孔，将光纤传感器按照图 7.6 所示置入变压器油中，在箱体的另一侧放置 PAC 公司的 R15i 压电 AE 传感器。由于 PZT 无法置入变压器内部，实验中将其安装在变压器箱壁外侧和光纤传感器处于相同高度的位置。

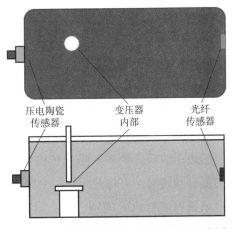

图 7.6　局部放电装置与传感器布置示意图

将 AE 信号发生器探头（采用 PAC 公司 T15i 型 PZT）放置于箱体内部线圈位置，距离压电传感器和光纤传感器分别 28cm 和 50cm。

设计了基于光纤光栅传感器的 AE 检测系统，构建了波长漂移反馈回路，自动跟踪传感光栅反射光谱的变化，消除温度变化对系统性能的影响，实现 AE 信号的稳定测量。将封装好的光纤 AE 传感器用于变压器局部放电现场检测，结果表明，光纤 AE 传感器与传统 PZT 传感器相比具有抗电磁干扰，灵敏度好，动态范围宽，信噪比高等优点，可以用于变压器局部放电测量。利用光纤光栅传感器波分复用的特点，还可构建分布式传感网络，实现多通道的局部放电线测量，开展声发射源的故障监测与定位研究。

7.2　基于塑料光纤的超声波发射源

超声波成像技术在医学和结构健康监测中有着广泛的应用，因此对该技术的研究具有重要的意义[381,382]。影响成像结果的两个重要方面为：超声波源和超声波的探测。传统的超声波源和探测装置都是基于 PZT。PZT 是一种将电能转换为高频声波的装置。一般情况下，当谐振频率大于 200kHz 时，PZT 的直径为厘米级，且其直径随频率的增加而增大。在超声波成像系统中，为了获得更好的分辨率，需要使用具有更高频率的超声波来检测。这样就增大了 PZT 的尺寸，相应的也会限制 PZT 的应用[383]，尤其是对小空间体内成像。因此，有必要选择合适的材料(具有小尺寸)耦合超声波来克服这一限制。从材料力学的角度看，超声波在固体材料中的传播实质上是一种高频机械波。超声波通过固体材料时，固体材料中的每一个微小区域都会产生拉、压、剪等应力应变。随着扩散距离的增大，超声波损耗也会增大。当超声波信号传播到两种不同传输介质的界面时，由于声阻抗的不同，超声波的一部分被反射或折射。由于超声波透射的损失，超声波的继续透射率降低。与硅基光纤相比，POF 具有较好的韧性和较小的声阻抗，有潜力高效率的耦合超声波[384]。此外，大的数值孔径和低的杨氏模量都可以提高 POF 的超声波耦合效率，降低传输损耗。因此，在一定距离内将 POF 用于超声波的耦合和传输，可将其看作一个微小的超声波源。在本章中，采用后处理技术促进了超声波与 POF 的耦合，并对超声沿 POF 的传输进行了表征。在不同媒介中，使用基于空气微泡型的 FPI 来检测由 POF 超声源所发出的超声波。这两个结构的结合使用可构成小检测空间的全光纤超声系统。

7.2.1　超声波发射源的设计与制作

在实验中，POF 的纤芯和包层直径分别为 980μm 和 1000μm。POF 具有直径大(增加耦合面积)、损耗和衰减小、杨氏模量小(杨氏模量比石英光纤小两个数量级)[385]等优点。这些特性使 POF 有潜力作为一种良好的超声传播介质。本工作的关键目标是将超声波从 PZT 耦合到 POF，并通过增加 POF 到 PZT 端面的附着面积来提高耦合效率。POF 超声波源的详细制作过程为：首先，将初始长度为10cm 的 POF 端面加热至熔融状态，再将其压成圆饼状，其直径从原始值(1mm)增大到16mm，如图 7.7(a)所示；接着通过裁剪操作，成功制作了锥形超声波耦合头和传输头，并利用矿脂将其紧密地贴附着在 PZT 的表面；最后用聚丙烯管将其固定以保证结构的稳定性。制作好的新型超声源结构图如图 7.7(b)所示，其实物照片如图 7.7(c)所示。在超声波发射源制作过程中，所使用的 PZT 的直径为 2.3cm，固有频率300kHz。从 PZT 发射出的超声波通过聚合物圆形底座耦合至 POF 并沿着 POF 继续传输。由于超声波信号要通过两种不同的传播介质之间的界面，所以超声波的一部分被反射或折射，另一部分则被传输到下一个界面，具体的量都取决于传播介质的声阻抗。由于矿脂与 POF 的声阻抗不同，由 PZT 发出的超声波到 POF 的传输损耗很低。

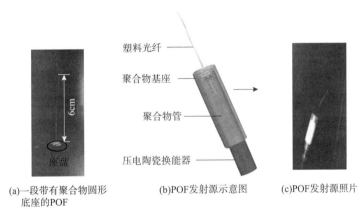

(a)一段带有聚合物圆形底座的POF　　(b)POF发射源示意图　　(c)POF发射源照片

塑料光纤

聚合物基座

聚合物管

压电陶瓷换能器

6cm

座盘

图 7.7 基于 POF 的光纤发射源

为了表征这种新型超声波源，基于空气微泡型 FP 干涉光纤传感器被用于超声波的探测，其原理图和传感机理如图 7.8 所示。在图 7.8 中，传感头上有两个反射面，分别标记为"1"和"2"。两曲面上的功率反射系数可以记为 R_1 和 R_2。在干涉光谱中，主要参与干涉的是 SMF 与 HCF 界面和微泡前壁的反射。总反射电场能量(E_r)等于表面"1"

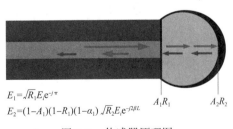

$$E_1 = \sqrt{R_1} E_i e^{-j\pi}$$
$$E_2 = (1-A_1)(1-R_1)(1-\alpha_1)\sqrt{R_2} E_i e^{-j2\beta L}$$

$A_1 R_1$　　$A_2 R_2$

图 7.8 传感器原理图

和"2"的反射电场能量之和,其中 E_i 是输入电场能量,A_1 是反射面"1"的传输损耗系数,β 是气泡的传播常数,α_1 是空气微腔的损耗系数。干涉谱线如图 7.9 所示。为了进一步分析干涉图样的特性,将图 7.9 中的波长谱通过傅里叶变换为空间频率,如图 7.10 所示。结果表明:干涉谱的形成主要体现在 SMF – HCF 界面与微泡前壁间反射光的干涉。但是通过改变 SMF – HCF 界面与微泡后壁反射光的干涉及微泡壁面之间反射光干涉可以在一定程度上调节干涉谱。当超声波作用到空气微泡上时,会使空气微泡的空腔长度发生变化(弹光效应可以忽略),从而使干涉波长发生漂移。因此,这种具有小厚度的空气微泡能够对超声波进行高灵敏度的测量。

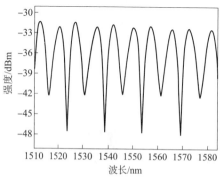

图 7.9　传感器的干涉谱线

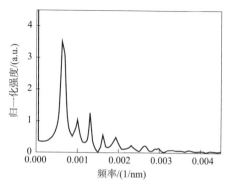

图 7.10　空间频率

7.2.2　在不同环境下超声波测试实验及结果分析

为了验证该空气微泡的传感性能,将 PZT(发射频率为 300kHz 的脉冲超声波)正对传感探头,其响应结果如图 7.11 所示。通过观察图 7.11,可以得到最明显的信号为直达波且它的幅值为 0.05V,信噪比为 33.98dB。该传感器具有较高的灵敏度,可以有效检测到脉冲超声波信号。

在对所提出的传感器进行性能评估后,利用该传感器对 POF 源发出的超声波信号进行检测。光纤超声检测系统的原理(图 7.12)与上述一致。在后续实验中,将超声波发射源与传感器正对以减小超声波损耗。

实验中,采用不同长度的 POF 作为新的超声源,将由 PZT 发出的超声波耦合至 POF 中并在 POF 中传输一段距离后直接加载到传感器上,其中 POF 与传感器之间的气隙为 1cm。图 7.13 显示了在空气中传感器对使用不同长度 POF(3cm、6cm、10cm)所制作而成的超声波发射源所发出的超声波信号的响应情况,但以三种不同长度的 POF 为例。在图 7.13 中，三条响应曲线的信噪比分别为 46dB、43.52dB 和 40dB。可以清楚地看出，随着 POF 长度的增加，光谱能量减小，响应峰峰值向右漂移。图 7.14 展示了超声波信号的振幅与 POF 长度的函数关系。拟合结果表明，电压响应与 POF 的长度呈线性关系，其斜率为 -0.02602V/cm。POF 的长度决定了超声的响应灵敏度。因此，在制作超声发射源时 POF 长度的选择至关重要。

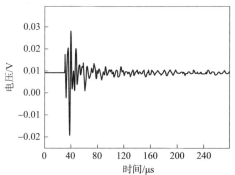

图 7.11 传感器对 300kHz 的超声波脉冲波响应

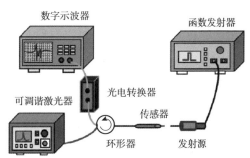

图 7.12 光纤超声检测系统原理图

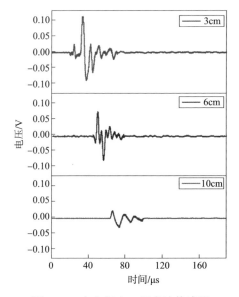

图 7.13 在空气中，超声波传感器对具有不同 POF 长度的发射源所发出超声波的响应

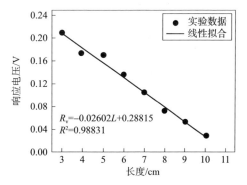

图 7.14 响应电压与 POF 长度的函数关系

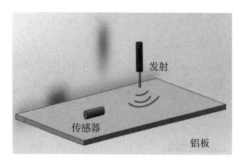

图 7.15　在铝板上超声波波检测原理图

为了验证传感系统的结构健康监测能力，将 POF 超声源垂直于铝板上放置，而传感器紧贴铝板固定如图 7.15 所示。发射出的超声波垂直入射到铝板中，并在铝板中传输一段距离后被传感器感测。图 7.16 显示了在铝板中，传感器对由不同 POF 长度（15cm、10cm 和 5cm）制成的发射源所发出的超声波的响应情况。可以发现，在 POF 长度在 15cm、10cm 和 5cm 下，检测到的超声波振幅的峰峰值分别为 0.0167V、0.0267V 和 0.0383V。根据计算可以得到：在图 7.16 中检测到超声波信号的信噪比分别为 33.98dB、29.54dB 和 26dB。此外，三个超声波响应信号在时间域上都有明显的右移，这是由于 POF 长度增加导致传输距离增加和传输展宽造成的。超声波响应信号中的展宽主要是由声散射和噪声引起的。图 7.17 表示超声波的响应电压与 POF 长度的函数关系。通过线性拟合实验数据，可以得出其斜率为 -0.00285V/cm（即灵敏度），这比空气中的斜率小一个数量级（由于超声波的损耗）。

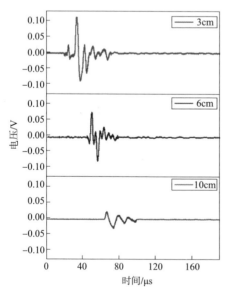

图 7.16　在铝板中，传感器对由不同 POF 长度制成的发射源所发出的超声波的响应

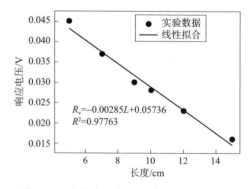

图 7.17　响应电压与 POF 长度的函数关系

为了确定传感系统对地震物理模型的检测能力，将长度为 6cm 的 POF 发射源的端面和传感器均垂直浸入水中，如图 7.18 所示。图 7.19(a)检测到的超声波信号电压峰峰值为 0.0135V，对应的信噪比为 23.52dB。为了验证传感系统的分层能力，将一个尺寸为 20cm×20cm×5.3cm 的矩形地震物理模型放置在水箱中，并对其内部分层情况进行探测，探测结果见图 7.19(b)所示。可以观察到三个脉冲超声信号，其中第一个是信噪比为 15.56dB 的直达波，另外两种是来自模型两个表面所反射的脉冲超声波信号。

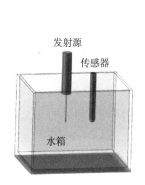

图7.18　水中超声检测原理图

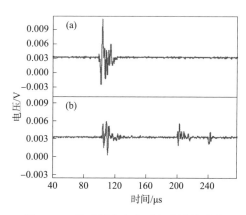

图 7.19　传感器在水中对超声波的响应

在实验中，当超声波信号传播到水与地震物理模型界面时，一部分超声波被反射回传感器，由 PD 接收并转换成电信号。另一部分超声波继续传输到下一个界面。理论上，超声波在地震物理模型的传播时间是 39.254μs 这与实验结果比较吻合(40μs)。图 7.19(b)中直达波的电压 0.0059V 小于图 7.19(a)中的信号电压。即便如此，检测到的信号也能清晰地反映模型的不同层次。在检测系统中，通过理论计算得到其轴向分辨率为 2.4mm。此外，使用超高频超声波可以提高系统的分辨率。因此，它有望实现小空间内的成像。

7.3　本章小结

在本章中，首先介绍了光纤 AE 技术的原理、分类和研究现状；其次举例介绍了光纤 AE 的应用领域；最后设计并实现了一种基于全光纤的一体化超声检测系统。传感器仍是一种对 HCF 处连续放电所形成的空气微泡型 FPI。超声波发射源是通过将 PZT 发射出的超声波耦合至 POF 并沿 POF 有效传播来实现的。为了增大耦合效率，将 POF 端面加热至 80℃，形成一个聚合物圆形底座与 PZT 通过矿脂紧密地贴附在一起。最后用聚丙烯管将其固定以保证结构的稳定性。试验结果表明：所提出的全光纤超声检测系统在空气、铝板、水等环境下都具有较高的灵敏度和信噪比。因此，它有应用于对小空间超声波生物成像领域的潜力。

第8章　光纤超声波传感研究方向

近年来，多个研究组已经开展了光纤超声波传感器的相关研究，针对不同领域下光纤超声波成像的需求，经过几年的探索和研究，通过多种光纤传感结构在响应灵敏度、空间分辨率、成像方式等方面均有大幅提升，能够有效采集高信噪比宽频超声波信号，实现了对系列模型的高精度扫描成像，并应用在国防安全、结构健康监测、轨道交通安全等方面。

目前关于光纤超声波传感的研究主要围绕着光纤超声波传感器结构本身的分析、设计和优化，已经对这些结构在封装方式、耦合形式等方面进行了优化，但仍然很难满足接近实际成像结果的要求。后续将围绕不同领域光纤超声波检测的核心问题，进一步改善传感器性能，优化传感系统指标，发展传感器复用技术，形成一套高灵敏度、高稳定性、可组网的光纤超声波检测仪器。对于光纤超声波传感器及其在成像领域的研究及应用趋势展望如下：

(1)优化设计光纤超声传感器结构，提高超声传感器的性能参数

光纤超声波传感器检测来自介质携带被测物体内部结构信息的纵波回波信号。检测机理为超声波遇到界面时声学特性突变所产生的反射波。反射波与介质的声学特性参数有关，在实际检测中往往会受到散射和衍射波的干扰，因此提取信息和拟制干扰噪声在超声波检测、成像领域至关重要。这需要掌握传播介质的声学特性参数、衍射和散射、传输衰减特性等，因此，应研究超声波在待测物中传播的波形、特性；测量并计算传播介质的声学特性参数(介质密度、声速和声阻抗等)，研究超声波在介质中的衍射、反射与散射特性；研究超声波在不同界面处的反射、透射和传输衰减等特性。

(2)解决超声波断层成像系统中的轴向分辨率和探测深度间的矛盾

在超声波探测中，为了获得高分辨率的图像，一般会选取高频的超声波发射源。但是工作频率越高，则衰减成正比增加，探测深度减小。同时，在超声波的耦合中，声强度的急剧衰减也进一步限制了超声波的穿透深度和检测信号的信噪比。因此，有必要研究基于调制激发成像的高频解调技术使得在成像中既可以维

持图像的分辨率，也可以提升超声成像的穿透深度。

（3）进一步提高回波信号的信噪比

由于被测物中的散射和折射特性，使得系统得到的超声波信号中伴有大量噪声，这些噪声叠加在一起极大地限制了对被测物内部层析信息的提取，导致成像质量下降。且检测环境的低频振动、温度等可能会引起光谱边带漂移，导致信号强度突变。因此，一方面应通过有效地对超声波信号进行采集、放大和去噪等操作来提高信噪比最终提高成像质量；另一方面有必要深入研究外界环境变化与光谱变化的关系，搭建合适的闭环伺服系统，使光源激光实时跟踪补偿边带低频波动，从而进一步提高信噪比。

（4）传感器的复用

超声波传感断层成像的数据量大，仅靠速率低的单通道扫描来传输信号是不可行的。因此，需要通过复用技术来提升信息扫描和数据传输的速度和效率。为实现多个传感器探头对超声波信息的独立感测，需研究多传感器的低损耗级联、强度变化感测超声波信息编码、探测时间与探测器像元位置的对应关系、消除传感信号之间相互干扰。

（5）光纤超声波传感器的微型化

在实际的应用领域中，为提高传感器灵敏度，需进一步减小传感器尺寸，从而进一步提高成像的空间分辨率。因此，可研究光纤光栅刻写工艺的优化、刻写一批窄带宽且高反射率的微型光纤光栅、并利用光纤微加工技术研制光纤内部的小体积 FPI。

（6）超声波成像系统的搭建

为了提高超声波成像系统集成，提升系统各模块关联性和整体稳定性，实现成像系统检测的灵活性，以适应不同应用环境下超声波成像的需求。可通过超声波发射模块、超声波检测模块和数据处理模块的组合来实现。对超声波检测模块而言，搭建基于光谱边带线性滤波技术解调的光纤超声波传感检测系统，并配合伺服系统以消除探测环境如温度变化带来的影响，以提高成像系统的稳定性。将各模块组合好后配合扫描探头的自动移动系统，再通过设计包装和组装调试，可形成一套适用于多领域的超声波成像仪器。

（7）全光纤超声波成像系统设计

在目前的光纤超声波成像系统中，仅超声波的探测装置为全光纤而超声波的发射装置仍使用的是传统的 PZT。这很难将光纤超声波成像的优势（如分辨率高，体积小等）发挥出来。因此有必要设计光纤超声波发射源并搭建全光纤超声波成像系统。

参考文献

[1] 鲍静. 医学超声成像系统的编码激励技术研究[D]. 天津：天津大学精密仪器与光电子工程学院，2007.

[2] 刘福顺，汤明. 无损检测基础[M]. 北京：北京航空航天大学出版社，2003：1-2.

[3] 胡建恺. 超声波探伤[M]. 北京：电力工业出版社，1980：1-6.

[4] 李淑莲. 超声检测技术的发展与应用[J]. 机电一体化，1999(5)：2-3.

[5] 邓志阳. 基于FPGA的超声检测系统的研究[D]. 北京：北京化工大学，2010.

[6] 彭虎. 超声成像算法导论[M]. 合肥：中国科学技术大学出版社，2008：1-7.

[7] 沈建中. 超声成像技术及其在无损检测中的应用[J]. 无损检测，1994，16(7)：202-206.

[8] 庞勇，韩焱. 超声成像方法综述[J]. 华北工学院测试技术学报，2001，15(4)：280-284.

[9] Power J, KremKau F. Medical ultrasound systems[J]. Interface Focus, 2011, 1(4): 477.

[10] 傅娟. 医学超声成像中的编码激励技术及其性能优化的研究[D]. 广州：华南理工大学，2014.

[11] Giesey J. J. Speckle reduction in pulse–echo ultrasonic imaging using a two–dimensional receiving array[J]. 1992, 39(2): 167-173.

[12] Buddensiek M. L, Krawczyk C. M, Kukowski N, et al. Performance of piezoelectric transducers in terms of amplitude and waveform[J]. Geophysics, 2009, 74(2): 33-45.

[13] 黄海清，李维民. 光通信的发展历程[J]. 自然辩证法通讯，2010(1)：59-64.

[14] Hirschowitz B. I, Curtiss L. E, Peters C. W, et al. Demonstration of a New Gastroscope, the Fiberscope[J]. Gastroenterology, 1958, 35(1): 50.

[15] Cizmar T, Dholakia K. Exploiting multimode waveguides for pure fibre–based imaging[J]. Nature Communications, 2012, 3(8): 1027.

[16] Ma N, Gunn–Moore F, Dholakia K. Optical transfection using an endoscope–like system[J]. Journal of Biomedical Optics, 2011, 16(2): 028002.

[17] Omar A. F. Fiber Optic Sensors: An Introduction for Engineers and Scientists[J]. Sensor Review, 2011, 33(2): 884-894.

[18] O'Sullivan M. S. Book Review: Optical fiber sensors: Principles and components. Edited by Dakin J and Culshaw B, Artech Books, London, 1989[J]. Optics & Lasers in Engineering, 1991, 14(1): 57-58.

[19] Krohn A. D. A, Macdougall T. W, Mendez A. Fiber optic sensors: fundamentals and applications[M]. Fiber Optic Sensors: Fundamentals and Applications, 1992.

[20]廖延彪. 光纤光学—原理与应用[M]. 北京：清华大学出版社, 2010.

[21]黎敏, 廖延彪. 光纤传感器及其应用技术[M]. 武汉：武汉大学出版社, 2012.

[22]靳伟, 阮双琛. 光纤传感技术新进展[M]. 北京：科学出版社, 2005.

[23]孙浩. 基于相位调制的干涉型光纤传感器研究[D]. 西安：西北大学, 2016.

[24]Dong S, Liu Y, Tan X, et al. Optical fiber long – period grating – based Cu^{2+} measurement[C]. Proceedings of SPIE, Passive Components and Fiber – based Devices II, 2005.

[25]Qian W, Gerald F. All – fiber multimode – interference – based refractometer sensor: proposal and design[J]. Optics Letters, 2006, 31(3): 317 – 319.

[26]Linh Viet N, Dusun H, Sucbei M, et al. High temperature fiber sensor with high sensitivity based on core diameter mismatch[J]. Optics Express, 2008, 16(15): 11369 – 11375.

[27]Zhang J, Sun H, Rong Q, et al. High – temperature sensor using a Fabry – Perot interferometer based on solid – core photonic crystal fiber[J]. Chinese Optics Letters, 2012, 10(7): 070607.

[28]Sun H, Zhang J, Rong Q, et al. A Hybrid Fiber Interferometer for Simultaneous Refractive Index and Temperature Measurements Based on Fabry – Perot/Michelson Interference [J]. IEEE Sensors Journal, 2013, 13(5): 2039 – 2044.

[29]Meng F, Qin Z, Rong Q, et al. Hybrid fiber interferometer for simultaneous measurement of displacement and temperature[J]. Chinese Optics Letters, 2015, 13(5): 050603.

[30]Ecke W, Grimm S, Latka I, et al. Optical Fiber Grating Sensor Network Basing on high – Reliable Fibers and Components for Space – craft Health Monitoring [J]. SPIE. 2001, 4328: 160 – 167.

[31]Davis M. A, Kersey A. D. Dynamic Strain Monitoring of an In – Use Interstate Bridge using Fiber Bragg Grating Sensors [J]. SPIE, 1997, 3043: 87 – 95.

[32]Wang J, Dong B, Lally E, et al. Multiplexed high temperature sensing with sapphire fiber air gap – based extrinsic Fabry – Perot interferometers [J]. Optics Letters, 2010, 35(5): 619 – 621.

[33]Dong B, Wei L, Zhou D. P, Miniature high – sensitivity high – temperature fiber sensor with a dispersion compensation fiber – based interferometer [J]. Applied Optics, 2009, 48(33): 6466 – 6469.

[34]Martynkien T, Szpulak M, Urbanczyk W. Modeling and measurement of temperature sensitivity in birefringent photonic crystal holey fibers[J]. Applied Optics, 2005, 44(36): 7780 – 7788.

[35]Li J. L, Zhang W. G, Gao S. C, et al. Long – period fiber grating cascaded to an S fiber taper for simultaneous measurement of temperature and refractive index [J]. IEEE Photonics Technology Letters, 2013, 25(9): 888 – 891.

[36]Coviello G, Finazzi V, Villatoro J, et al. Thermally stabilized PCF – based sensor for temperature measurements up to 1000℃ [J]. Optics Express, 2009, 17(14): 21551 – 21559.

［37］ Lee B. H, Eom J. B, Kim J, et al. Photonic crystal fiber coupler［J］. Optics Letters, 2002,
27(10): 812 – 814.

［38］ Mehta A, Mohammed W, Johnson E. G. Multimode interference – based fiber – optic
displacement sensor［J］. IEEE Photonics Technology Letters, 2003, 15(8): 1129 – 1131.

［39］ Yao B. C, Wu Y, Wang Z. G, et al. Demonstration of complex refractive index of graphene
waveguide by microfiber – based Mach – Zehnder interferometer［J］. Optics Express, 2013, 21
(24): 29818 – 29826.

［40］Bariain C, Matias I R, Arregui F J, et al. Optical fiber humidity sensor based on a tapered fiber
coated with agarose gel［J］. Sensors and Actuators B: Chemical, 2000, 69(1 – 2): 127 – 131.

［41］Jiménez F, Arrue J, Aldabaldetreku G, et al. Analysis of a plastic optical fiber – based
displacement sensor［J］. Applied Optics, 2007, 46(25): 6256 – 6262.

［42］Yang M. H, Xie W. J, Dai Y. T, et al. Dielectric multilayer – based fiber optic sensor enabling
simultaneous measurement of humidity and temperature［J］. Optics Express, 2014, 22(10):
11892 – 11899.

［43］Jin L, Guan B. O, Wei H. F, et al. Sensitivity characteristics of Fabry – Perot pressure sensors
based on hollow – core microstructured fibers［J］. Journal of Lightwave Technology, 2013, 31
(15): 2526 – 2531.

［44］Butler M. A, Micromirror optical – fiber hydrogen sensor［J］. Sensors and Actuators B:
Chemical, 1994, 22(2): 155 – 163.

［45］Piunno P. A, Krull U. J, Hudson R. H, et al. Fiber – optic DNA sensor for fluorometric nucleic
acid determination［J］. Analytical Chemistry, 1995, 67(15): 2635 – 2643.

［46］Wolfbeis O. S, Weis L. J, Leiner M. J. P, et al. Fiber – optic fluor sensor for oxygen and
carbon dioxide［J］. Analytical Chemistry, 1988, 60(19): 2028 – 2030.

［47］Wang Q, Farrell G, All – fiber multimode – interference – based refractometer sensor: proposal
and design［J］. Optics Letters, 2006, 31(3): 317 – 319.

［48］Yang X, Chen Z, Elvin C. S. M, et al. Textile fiber opticmicrobend sensor used for heartbeat
and respiration monitoring［J］. IEEE Sensors Journal, 2015, 15(2): 757 – 761.

［49］Wu C, Fu H. Y, Qureshi K. K, et al. High – pressure and high – temperature characteristics of
a Fabry – Perot interferometer based on photonic crystal fiber［J］. Optics Letters, 2011, 36(3):
412 – 414.

［50］ Pu S, Dong S. Magnetic Field Sensing Based on Magnetic – Fluid – Clad Fiber – Optic
Structurewith Up – Tapered Joints［J］. IEEE Photonics Journal, 2014, 6(4): 1 – 6.

［51］Dong S, Pu S, Wang H. Magnetic field sensing based on magnetic – fluid – clad fiber – optic
structure with taper – like and lateral – offset fusion splicing［J］. Optics Express, 2014, 22
(16): 19108.

[52] Chen Y, Han Q, Liu T, et al. Optical fiber magnetic field sensor based on single mode – multimode – single mode structure and magnetic fluid[J]. Optics Letters, 2013, 38(20): 3999 – 4001.

[53] Koo K, Sigel G. An electric field sensor utilizing a piezoelectric polyvinylidene fluoride (PVF2) film in a single – mode fiber interferometer[J]. Quantum Electronics IEEE Journal of, 1982, 18 (4): 670 – 675.

[54] Zhao J, Zhang H. Y, Wang Y. S, et al. Fiber – Optic Electric Field Sensor Based on Electrostriction Effect[J]. Applied Mechanics and Materials, 2012, 187: 235 – 240.

[55] Ali Amir R, Ioppolo T, Ötügen Volkan, et al. Photonic electric field sensor based on polymeric microspheres[J]. Journal of Polymer Science Part B: Polymer Physics, 2014, 52(3): 276 – 279.

[56] Glutsch, S, Bechstedt F, Rosam B, et al. Optical fiber gyroscope based on the Sagnac effect [J]. Siemens Forschungs Und Entwicklungsberichte, 1980, 9(1): 431 – 434.

[57] Jing Z, Muguang W, Yu T, et al. High – sensitivity measurement of angular velocity based on an optoelectronic oscillator with an intra – loop Sagnac interferometer[J]. Optics Letters, 2018, 43 (12): 2799 – 2802.

[58] Tian H, Zhang Y. Rotation Sensing Based on the Sagnac Effect in the Self – Interference Add – Drop Resonator[J]. Journal of Lightwave Technology, 2018, 36(10): 1792 – 1797.

[59] Huang Y, Chen G, Xiao H, et al. A quasi – distributed optical fiber sensor network for large strain and high – temperature measurements of structures[J]. ProcSpie, 2011, 7983(4): 438 – 459.

[60] Da S. M. R, Prado A. R, Da C. A. P, et al. Corrosion resistant FBG – based quasi – distributed sensor for crude oil tank dynamic temperature profile monitoring[J]. Sensors, 2015, 15(12): 30693 – 30703.

[61] Liang S, Tjin C, Lin B, et al. Novel Fiber Bragg Grating Sensing Method Based on the Sidelobe – Modulation for Ultrasound Detection[J]. Journal of Lightwave Technology, 2018, 37 (11): 2686 – 2693.

[62] Wild G, Hinckley S. Spatial Performance of Acousto – Ultrasonic Fiber Bragg Grating Sensor [J]. IEEE Sensor Journal, 2010, 10(4): 805 – 806.

[63] Guo J, Yang C. Highly Stabilized Phase – Shifted Fiber Bragg Grating Sensing System for Ultrasonic Detection[J]. IEEE Photonics Technology Letters, 2015, 27(8): 848 – 851.

[64] Liu G, Sandfort E, Hu L, et al. Theoretical and Experimental Investigation of an Intensity – Demodulated Fiber – Ring – Laser Ultrasonic Sensor System[J]. IEEE Sensors Journal, 2015, 15 (5): 2848 – 2855.

[65] Lin S, Wang S. Radially composite piezoelectric ceramic tubular transducer in radial vibration

[J]. IEEE Transactions on Ultrasonics Ferroelectrics & Frequency Control, 2011, 58(11): 2492 – 2498.

[66]Wang D. H, Jia P. G, Wang S. J, et al. Tip – sensitive all – silica fiber – optic Fabry – Perot ultrasonic hydrophone for charactering high intensity focused ultrasound fields [J], Applied Physics Letters, 2013, 103(4): 044102.

[67]Lamela H, Gallego D, Oraevsky A. Optoacoustic imaging using fiber – optic interferometric sensors[J], Optics Letters, 2009, 34(23): 3695 – 3697.

[68]Guan B. O, Jin L, Cheng L, et al. Acoustic and Ultrasonic Detection With Radio – Frequency Encoded Fiber Laser Sensors [J], IEEE Journal of Selected Topics in Quantum Electronics, 2017, 23(2): 302 – 313.

[69]Rosenthal A, Razansky D, Ntziachristos V. High – sensitivity compact ultrasonic detector based on a pi – phase – shifted fiber Bragg grating[J], Optics Letters, 2011, 36(10): 1833 – 1835.

[70]Wen H, Wiesler D. D, Tveten A, et al. High – sensitivity fiber – optic ultrasound sensors for medical imaging applications[J], Ultrasonic Imaging, 1998, 20(2): 103 – 112.

[71]Xu H, Wang G, Ma J, et al. Bubble – on – fiber (BoF): a built – in tunable broadband acousto – optic sensor for liquid – immersible in situ measurements[J], Optics Express, 2018, 26(9): 11976 – 11982.

[72]Liu D, Liang Y, Jin L, et al. Highly sensitive fiber laser ultrasound hydrophones for sensing and imaging applications[J], Optics Letters, 2016, 41(19): 4530 – 4533.

[73]Zhou C, Pivarnik P, Rand A. G, et al. Acoustic standing – wave enhancement of a fiber – optic salmonella biosensor[J], Biosensors and Bioelectronics, 1998, 13(5): 495 – 500.

[74]Wu Q, Okabe Y. Ultrasonic sensor employing two cascaded phase – shifted fiber Bragg gratings suitable for multiplexing[J]. Optics Letters, 2012, 37(16): 3336 – 3338.

[75]Han M, Liu T, Hu L, et al. Intensity – demodulated fiber – ring laser sensor system for acoustic emission detection[J], Optics Express, 2013, 21(24): 29269 – 29276.

[76]Fomitchov P. A, Kim Y. K, Kromine A. K, et al. Photoacoustic probes for nondestructive testing and biomedical applications[J], Applied Optics, 2002, 41(22): 4451 – 4459.

[77]Tian J, Zhang Q, Han M. Distributed fiber – optic laser – ultrasound generation based on ghost – mode of tilted fiber Bragg gratings[J], Optics Express, 2013, 21(5): 6109 – 6114.

[78]Guggenheim J. A, Li J, Allen T. J, et al. Ultrasensitiveplano – concave optical micro – resonators for ultrasound sensing[J], Nature Photonics, 2017, 11(11): 714 – 719.

[79]Bai X, Liang Y, Sun H, et al. Sensitivity characteristics of broadband fiber laser – based ultrasound sensors for photoacoustic microscopy [J], Optics Express, 2017, 25(15): 17616 – 17626.

[80]Ni W, Lu P, Fu X, et al. Ultrathin graphene diaphragm – based extrinsic Fabry – Perot

interferometer for ultra – wideband fiber optic acoustic sensing[J], Optics Express, 2018, 26 (16): 20758 – 20767.

[81] Guo J, Yang C. Highly Stabilized Phase – Shifted Fiber Bragg Grating Sensing System for Ultrasonic Detection[J], IEEE Photonics Technology Letters, 2015, 27(8): 848 – 851 .

[82] Guo J, Xue S, Zhao Q, et al. Ultrasonic imaging of seismic physical models using a phase – shifted fiber Bragg grating[J], Optics Express, 2014, 22(16): 19573 – 19580 .

[83] Gang T, Hu M, Rong Q, et al. High – frequency fiber – optic ultrasonic sensor using air micro – bubble for imaging of seismic physical models[J], Sensors, 2016, 16(12): 2125.

[84] Gang T, Zuo C, Liu X, et al. High – sensitive ultrasonic sensor using fiber – tip PVC diaphragm Fabry – Perot interferometer and its imaging application[J], Sensors and Actuators A, 2018, 279: 474 – 480.

[85] Bai X, Hu M, Gang T, et al. An ultrasonic sensor composed of a fiber Bragg grating with an air bubble for underwater object detection[J]. Optics and Laser Technology, 2019, 112: 467 – 472.

[86] Nelson D. F, Kleinman D. A, Wecht K. W. Vibration induced modulation of fiber guide transmission[J]. Applied Physics Letters, 1977, 30(2): 94 – 96.

[87] Sheem S. K, Cole J. H. Acoustic sensitivity of single – mode optical power dividers[J]. Optics Letters, 1979, 4(10): 322 – 324.

[88] Fields J. N. Coupled waveguide acoustooptic hydro – phone[J]. Applied Optics. 1979, 18 (21): 3533 – 3534.

[89] Carome E. F, Koo K. P. Multimode coupled waveguide acoustic sensor[J]. Optics Letters 1980, 5(8): 359 – 361.

[90] Chen R. S, Bradshaw T, Badcock R, et al. Linear location of acoustic emission using a pair of novel fiber optic sensors[J], Journal of Physics Conference, 2005, 15(8): 232 – 236.

[91] Chen R. S, Bradshaw T, Burns J, et al. Linear location of acoustic emission using a pair of novel fiber optic sensors, Measurement Science Technology, 2006, 17(8): 2313.

[92] Chen R. S, Fernando G. F, Butler T, et al. A novel ultrasound fiber optic sensor based on a fused – tapered optical fiber coupler[J]. Measurement Science and Technology, 2004, 15(8): 1490 – 1495.

[93] Spillman W. B, and Mc Mahon D. H. Frustrated – total – internal – reflection multimode fiber – optic hydrophone[J]. Applied Optics, 1980, 19(1): 113 – 117.

[94] Phillips R. L. Proposed fiber – optic acoustical probe[J]. Optics Letters, 1980, 5(7): 318 – 320.

[95] Spillman W. B. Multimode fiber – optic hydrophone based on a Schlieren technique[J]. Applied Optics 1981, 20(3): 465 – 470.

[96] Tietjen B. W. The optical grating hydrophone[J]. The Journal of Acoustical Society of Americal,

1981, 69(4): 993.

[97] Guo F, Fink T, Han M, et al. High – sensitivity, high – frequency extrinsic Fabry – Perot interferometric fiber – tip sensor based on a thin silver diaphragm, Optics Letters, 2012, 37(9): 1505.

[98] Wang D. H, Jia P. G, Wang S. J, Tip – sensitive all – silica fiber – optic Fabry – Perot ultrasonic hydrophone for charactering high intensity focused ultrasound fields[J]. Applied Physics Letters, 2013. 103: 044102.

[99] Rines G. A, Fiber – optic accelerometer with hydrophone applications[J]. Applied Optics, 1981. 20(19): 3453 – 3459.

[100] Bennecer A, Mcguire M, Flockhart G, et al. Frequency response of underwater ultrasonic transducers in the near field using polarimetric polarization maintaining fiber sensors[J]. Proceedings of SPIE – The International Society for Optical Engineering, 2010, 7653.

[101] Chiang K. S, Chan H. L. W, Gardner J. L. Detection of high – frequency ultrasound with a polarization – maintaining fiber[J]. Journal of Lightwave Technology, 1990, 8(8): 1221 – 1227.

[102] Paula R. P. D, Flax L, Cole J. H, et al. Single – mode fiber ultrasonic sensor[J]. Microwave Theory & Techniques IEEE Transactions on, 1982, 30(4): 526 – 529.

[103] Tebo A. R. Sensing with optical fibres: an emerging technology[M]. Instrumentation: A Reader. Springer US, 1990.

[104] Mcmahon D. H, Nelson A. R, Jr W. B. S. Fiber – optic transducers[J]. IEEE Spectrum, 1981, 18(12): 24 – 29.

[105] Wang Q, Farrell G, Yan W. Investigation on single – mode – multimode – single – mode fiber structure[J]. Journal of Lightwave Technology, 2008, 26(5): 512 – 517.

[106] Soldano L. B, Pennings E. C. M. Optical multi – mode interference devices based on self – imaging: principles and applications[J]. Journal of Lightwave Technology, 1995, 13(4): 615 – 625.

[107] Khan A. S, Raeen M. S. An efficient wavelength variation approach in single mode – multimode – single mode optical fiber as a bending sensor[J]. International Journal of Advanced Research in Computer Science & Electronics Engineering, 2012, 1(9): 153 – 159.

[108] Ascorbe J, Corres J, Arregui F, et al. Magnetic field sensor based on a single mode – multimode – single mode optical fiber structure[C]. Sensors. IEEE, 2016.

[109] Yin S, Ruffin P. B, Yu F. T. S. Fiber Optic Sensors, Second Edition[J]. Crc Press, 2008.

[110] Lee C. E, Taylor H. F. Fiber – optic Fabry – Perot temperature sensor using a low – coherence light source[J]. Journal of Lightwave Technology, 1991, 9(1): 129 – 134.

[111] Wang T, Zheng S, Yang Z. A high precision displacement sensor using a low – finesse fiber –

optic Fabry – Perot interferometer［J］. Sensors & Actuators A Physical, 1998, 69（2）: 134 – 138.

［112］Wang J, Dong B, Lally E, et al. Multiplexed high temperature sensing with sapphire fiber air gap – based extrinsic Fabry – Perot interferometers［J］. Optics Letters, 2010, 35（5）: 619 – 621.

［113］Kaddu S. C, Collins S. F, Booth D. J. Multiplexed intrinsic optical fiber Fabry – Perot temperature and strain sensors addressed using white – light interferometry［J］. Measurement Science & Technology, 1998, 10（5）: 416 – 420.

［114］Guo F, Fink T, Han M, et al. High – sensitivity, high – frequency extrinsic Fabry – Perot interferometric fiber – tip sensor based on a thin silver diaphragm［J］. Optics Letters, 2012, 37（9）: 1505 – 1507.

［115］Xu F, Shi J. H, Gong K, et al. Fiber – optic acoustic pressure sensor based on large – area nanolayer silver diaghragm［J］. Optics Letters, 2014; 39（10）: 2838 – 2840.

［116］Dash J, Jha R. Fabry – Perot based strain insensitive photonic crystal fiber modal interferometer for inline sensing of refractive index and temperature［J］. Applied Optics, 2015, 54（35）: 1906 – 1911.

［117］Wang Z, Shen F, Song L, et al. Multiplexed fiber Fabry – Perot interferometer sensors based on ultrashort Bragg gratings［J］. IEEE Photonics Technology Letters, 2007, 19（8）: 622 – 624.

［118］Zhang Z, Liao C, Tang J, et al. High – Sensitivity Gas – Pressure Sensor Based on Fiber – Tip PVC Diaphragm Fabry – Perot Interferometer［J］. Journal of Lightwave Technology, 2017, 35（18）: 4067 – 4071.

［119］Hasenkamp W, Pataky K, Villard J, et al. Polyimide/SU – 8 catheter – tip MEMS gauge pressure sensor［J］. Biomedical Microdevices, 2012, 14（5）: 819 – 828.

［120］Huang Z, Zhu Y, Chen X, et al. Intrinsic Fabry – Perot fiber sensor for temperature and strain measurements［J］. IEEE Photonics Technology Letters, 2005, 17（11）: 2403 – 2405.

［121］Wang W, Yu Q, Li F, et al. Temperature – insensitive pressure sensor based on all – fused – silica extrinsic Fabry – Perot optical fiber interferometer［J］. IEEE Sensors Journal, 2012, 12（7）: 2425 – 2429.

［122］Nguyen L. V, Vasiliev M, Alameh K. Three – wave fiber Fabry – Perot interferometer for simultaneous measurement of temperature and water salinity of seawater［J］. IEEE Photonics Technology Letters, 2011, 23（7）: 450 – 452.

［123］Bae H, Yu M. Miniature Fabry – Perot pressure sensor created by using UV – molding process with an optical fiber based mold［J］. Optics Express, 2012, 20（13）: 14573 – 14583.

［124］Alcoz J. J, Lee C. E, Taylor H. F, Embedded fiber – optic Fabry – Perot ultrasound sensor［J］. IEEE Transactions on Ultrasonics, Ferroelectrics and Frequency Control, 1990, 37（4）:

302 – 306.

[125] Morris P, Hurrell A, Shaw A, et al. A Fabry – Perot fiber – optic ultrasonic hydrophone for the simultaneous measurement of temperature and acoustic pressure [J]. The Journal of the Acoustical Society of America, 2009, 125(6): 3611 – 3622.

[126] Guo F, Fink T, Han M, et al. High – sensitivity extrinsic Fabry – Perot interferometric fiber – tip sensor based on a thin silver diaphragm [J]. Optics letters, 2012, 37(9): 1505 – 1507.

[127] Ma J, Jin W, Ho H, et al. High – sensitivity fiber – tip pressure sensor with graphene diaphragm [J]. Optics Letters, 2012, 37(13): 2493 – 2495.

[128] Ma J, Xuan H, Ho H. L, et al. Fiber – optic Fabry – Perot acoustic sensor with multilayer graphene diaphragm [J]. Photonics Technology Letters, 2013, 25(10): 932 – 935.

[129] Bertocchi G, Alibart O, Ostrowsky D. B, et al. Single – photon Sagnac interferometer [J]. Journal of Physics B (Atomic, Molecular and Optical Physics), 2006, 39(5): 1011 – 1016.

[130] Dong X, Tam H. Y, Shum P. Temperature – insensitive strain sensor with polarization – maintaining photonic crystal fiber based Sagnac interferometer [J]. Applied Physics Letters, 2007, 90(15): 151113.

[131] Starodumov A. N, Zenteno L. A, Monzon D, et al. Fiber Sagnac interferometer temperature sensor [J]. Applied Physics Letters, 1997, 70(1): 19 – 21.

[132] Yuan L, Zhou L, Wu J. Fiber optic temperature sensor with duplex Michleson interferometric technique [J]. Sensors & Actuators A Physical, 2000, 86(1): 2 – 7.

[133] Zhao Y, Ansari F. Intrinsic single – mode fiber – optic pressure sensor [J]. IEEE Photonics Technology Letters, 2001, 13(11): 1212 – 1214.

[134] Kim D. W, Zhang Y, Cooper K. L, et al. In – fiber reflection mode interferometer based on a long – period grating for external refractive – index measurement [J]. Applied Optics, 2005, 44 (26): 5368 – 5373.

[135] Park K. S, Choi H. Y, Park S. J, et al. Temperature Robust Refractive Index Sensor Based on a Photonic Crystal Fiber Interferometer [J]. IEEE Sensors Journal, 2010, 10 (6): 1147 – 1148.

[136] Hu J, Li D. Simulation and testing of a noise – limited demodulation system for a fiber – optic hydrophone system based on a Michelson interferometer [C]. Ocean Acoustics. IEEE, 2016.

[137] 王巍, 丁东发, 夏君磊. 干涉型光纤传感用光电子器件技术 [M]. 北京: 科学出版社, 2012.

[138] Wang Y, Yang M, Wang D. N, et al. Fiber in – line Mach – Zehnder interferometer fabricated by femtosecond laser micromachining for refractive index measurement with high sensitivity [J]. Journal of the Optical Society of America B, 2010, 27(3): 370 – 374.

[139] Liu K, Ferguson S, Measures R, Fiber – optic interferometric sensor for the detection of acoustic

emission within composite materials [J]. Optics Letters, 1990, 15(22): 1255 – 1257.

[140] Gang T, Hu M, Qiao X, et al. Fiber – optic Michelson interferometer fixed in a tilted tube for direction – dependent ultrasonic detection [J]. Optics and Lasers in Engineering, 2017, 88: 60 – 64.

[141] Wen H, Wiesler D. G, Tveten A, et al. High – sensitivity fiber – optic ultrasound sensors for medical imaging applications [J]. Ultrasonic imaging, 1998, 20(2): 103 – 112.

[142] Yang R, Yu Y. S, Xue Y, et al. Single S – tapered fiber Mach – Zehnder interferometers[J]. Optics Letters, 2011, 36(23): 4482 – 4484.

[143] Bucaro J. A, Dardy H. D, Carome E. F, Fiber – optic hydrophone [J]. The Journal of the Acoustical Society of America, 1977, 62(5): 1302 – 1304.

[144] Wang A, Xie H, Proceedings of the International Society for Optical Engineering, Wuhan, China [C]. SPIE, 1991.

[145] Frazão O, Viegas J, Caldas P, et al. All – fiber Mach – Zehnder curvature sensor based on multimode interference combined with a long – period grating [J]. Optics Letters, 2007, 32 (21): 3074 – 3076.

[146] Liang Y, Zhang S, Xu Y, et al. Optical fiber ultrasonic wave monitoring based on Mach – Zehnder interferometer [J]. Optical Technique, 2006, 32(4): 507 – 510.

[147] Hocker G. B. Fiber – optic acoustic sensors with increased sensitivity by use of composite structures [J]. Optics Letters, 1979, 4(10): 320 – 321.

[148] Hocker G. B. Fiber optic acoustic sensors with composite structure: an analysis [J]. Applied Optics, 1979, 18(21): 3679 – 3683.

[149] Vellekoop M. J, White R. M, Martin S. J, et al. Acoustic wave sensors. Theory, design and physicochemical applications[J]. Sensor and Actuators A: Physical, 1997, 63(1): 79.

[150] Fujisue T, Nakamura K, Ueha S. Demodulation of Acoustic Signals in Fiber Bragg Grating Ultrasonic Sensors Using Arrayed Waveguide Gratings[J]. Japanese Journal of Applied Physics, 2006, 45(5B): 4577 – 4579.

[151] Kawasaki B. S, Johnson D. C, Fujii Y, et al. Bandwidth – limited operation of a mode – locked Brillouin parametric oscillator[J]. Applied Physics Letters, 1978, 32(7): 429 – 431.

[152] 应崇福. 超声学[M]. 北京: 科学出版社, 1990.

[153] Takahashi N, Akatsu T, Udagawa N, Osteoblastic cells are involved in osteoclast formation [J], Endocrinology, 1988, 23: 2600.

[154] Perez I. M, H. L. Cui, Udd E. High frequency ultrasonic wave detection using fiber Bragg gratings [J]. High Frequency Ultrasonic Wave Detection Using Fiber Bragg Gratings, 2000.

[155] Perez I. M, Cui H. L, Udd E. Acoustic emission detection using fiber Bragg gratings [J]. Proceedings of the SPIE – The International Society for Optical Engineering, 2001, 4328(8):

209 – 215.

[156] H. Tsuda. Ultrasound and damage detection in CFRP using fiber Bragg grating sensors [J]. Composites Science & Technology, 2006, 66(5): 676 – 683.

[157] Tsutsui H, Kawamata A, Sanda T. Detection of impact damage of stiffened composite panels using embedded small – diameter optical fibers [J]. Smart Materials & Structures, 2004, 13 (6): 1284.

[158] Italia V, Cusano A, Campopiano S. Analysis of the phase response of fiber Bragg gratings to longitudinal ultrasonic fields in the high frequency regime: towards new interrogation strategies [C]. Proceedings of The Fibers and Optical Passive Components, 2005.

[159] Cusano A, Cutolo A, Nasser J. Dynamic strain measurements by fiber Bragg grating sensor[J]. Sensor & Actuators A Physical, 2004, 110(1): 276 – 281.

[160] Wu Z, Qing X. P, Chang F. K. Damage for composite laminate plates with a distributed hybrid PZT/FBG sensor network [J]. Journal of Intelligent Material Systems & Structures, 2009, 20 (9): 1069 – 1077.

[161] Silva R. E, Hartunga A, Rothhardt M. Suspended core size effect in interaction of longitudinal acoustic waves and fiber Bragg gratings [C]. Proceedings of The Microwave & Optoelectronics Conference, 2013.

[162] Silva R. E, Becker M, Hartung A. Reflectivity and bandwidth modulation of fiber Bragg gratings in a suspended core fiber by tunable acoustic waves [J]. IEEE Photonics Journal, 2014, 6(6): 1 – 8.

[163] Wee J. H, Hackney D, Peters K. Sensitivity of contact – free fiber Bragg grating sensor to ultrasonic Lamb wave [C]. Proceedings of SPIE Smart Structures and Materials + Nondestructive Evaluation and Health Monitoring, 2016.

[164] Monchalin J. P. Optical detection of ultrasound at a distance using a confocal Fabry – Perot interferometer [J]. Applied Physics Letters, 1985, 47(1): 14 – 16.

[165] Monchalin J. P, Heon R, Bouchard P, et al. Broadband optical detection of ultrasound by optical sideband stripping with a confocal Fabry – Perot [J]. Applied Physics Letters, 1989, 55 (16): 1612 – 1614.

[166] Porterfield D. W, Hesler J. L, Densing R, et al. Resonant metal – mesh bandpass filters for the far infrared [J]. Applied Optics, 1994, 33(25): 6046 – 6052.

[167] Tamura K, Doerr C. R, Haus H. A, et al. Soliton fiber ring laser stabilization and tuning with a broad intracavity filter [J]. IEEE Photonics Technology Letters, 1994, 6(6): 697 – 699.

[168] Tanaka S, Yokosuka H, Takahashi N, Proceedings of 17th International Conference on Optical Fibre Sensors, Bruges, Belgium [C]. SPIE, 2005.

[169] Xu M. G, Geiger H, Dakin J. P. Modeling and performance analysis of a fiber Bragg grating

interrogation system using an acousto – optic tunable filter［J］. Journal of Lightwave Technology, 1996, 14(3): 391 –396.

［170］Takahashi N, Thongnum W, Takahashi S, Fiber – Bragg – grating vibration sensor with temperature stability using wavelength – variable incoherent light source［J］. Acoustical Science and Technology, 2002, 23(6): 353 – 355.

［171］Liu T, Liu G, Hu L, et. al. Proceedings of the Fiber Optic Sensors and Applications XI, Baltimore, Maryland, USA［C］. SPIE, 2014.

［172］Jaffer F. A, Calfon M. A, Rosenthal A, et al. Two – Dimensional Intravascular Near – Infrared Fluorescence Molecular Imaging of Inflammation in Atherosclerosis and Stent – Induced Vascular Injury［J］. Journal of the American College of Cardiology, 2011, 57(25): 2516 – 2526.

［173］Wu, Q, Okabe Y, and Sun J. Investigation of dynamic properties of erbium fiber laser for ultrasonic sensing［J］. Optics Express, 2014, 22 (7): 8405 – 8419.

［174］Z. H. Shao, X. G. Qiao, Q. Z. Rong. Generation of dual – wavelength square pulse in a figure – eight erbium – doped fiber laser with ultra – large net – anomalous dispersion ［J］. Applied Optics, 2015, 54(22): 6711 – 6716.

［175］Archambault J. L, Grubb S. G. Fiber gratings in lasers and amplifiers ［J］. Journal of Lightwave Technology, 1997, 15(8): 1378 – 1390.

［176］Wierzba P, Karioja P. Proceedings of Lightguides and their Applications II, Krasnobrod, Poland ［C］. SPIE, 2003.

［177］Yelen K, Hickey L. M. B, Zervas M. N. A new design approach for fiber DFB lasers with improved efficiency ［J］. IEEE Journal of Quantum Electronics, 2004, 40(6): 711 – 720.

［178］Guan B. O, Jin L, Zhang Y, et al. Polarimetric heterodyning fiber grating laser sensors ［J］. Journal of Lightwave Technology, 2012, 30(8): 1097 – 1112.

［179］Albert J, Shao L Y, Caucheteur C. Tilted fiber Bragg grating sensors［J］. Laser & Photonics Reviews, 2013, 7(1): 83 – 108.

［180］Lu Y C, Huang W P, Jian S S. Full vector complex coupled mode theory for tilted fiber gratings ［J］. Optics express, 2010, 18(2): 713 – 726.

［181］Alam M Z, Albert J. Selective excitation of radially and azimuthally polarized optical fiber cladding modes［J］. Journal of Lightwave Technology, 2013, 31(19): 3167 – 3175.

［182］Erdogan T, Sipe J E. Tilted fiber phase gratings［J］. JOSA A, 1996, 13(2): 296 – 313.

［183］万明习. 接触聚焦超声波检测技术［M］. 北京: 水利电力出版社, 1992.

［184］呼剑. 基于超声衰减谱法的纳米颗粒合水煤浆的粒度表征研究［D］. 上海: 上海理工大学, 2011.

［185］李昕颖. 基于DSPMC56F8037超声波测距仪的研究［D］. 扬州大学, 2014.

［186］Cannata J. M, Ritter T. A, Chen W. H, et al. Design of efficient, broadband single – element

（20 – 80 MHz）ultrasonic transducers for medical imaging applications[J]. IEEE Transactions on Ultrasonics, Ferroelectrics, and Frequency Control, 2003, 50(11): 1548 – 1557.

[187]Zhu B, Fei C, Wang C, et al. Self – Focused AlScN Film Ultrasound Transducer for Individual Cell Manipulation[J]. ACS Sensors, 2017, 2(1): 172 – 177.

[188]Fei C, Chiu C. T, Chen X, et al. Ultrahigh Frequency（100 MHz – 300 MHz）Ultrasonic Transducers for Optical Resolution Medical Imagining[J]. Scientific Reports, 2016, 6 (1): 2836.

[189]范慧卿. FCB 自动焊终端裂纹超声波检测方法的研究[D]. 大连：大连理工大学, 2008.

[190]Stepp D. Developing an embedded control system to miniturize automatic ndt inspection of steel plates[C]. 36th Universities' Power Engineering Conference, 2001: 1963 – 1968.

[191]Roy O, Mahaut S, Casula O. Control of the ultrasonic beam transmitted through an irregular profile using a smart flexible transducer: modelling and application[J]. Ultrasonics, 2002, 40 (1 – 8): 243 – 246.

[192]冯若. 超声手册[M]. 南京：南京大学出版社, 1999.

[193]Kramb V, Shell E. B, Hoying J, et al. Applicability of white light scanning interferometry for high – resolution characterization of surface defects[C]. Nondestructive Evaluation of Materials & Composites V. International Society for Optics and Photonics, 2001.

[194] Miller R. K. Nondestructive testing handbook［M］. American Society for Nondestructive Testing, 1982.

[195]Monchalin J. P. Optical Generation and Detection of Ultrasound[M]. Optical Generation And Detection of Ultrasound. 1991.

[196]袁易全, 陈思忠, 冯若, 等. 近代超声原理与应用[M]. 南京：南京大学出版社, 1996.

[197]Zhou D. Optimized orientation of 0. 71Pb（$Mg_{1/3}$ $Nb_{2/3}$）O_3 – 0. 29PbTiO$_3$ single crystal for applications in medical ultrasonic arrays[J]. Applied Physics Letters, 2008, 93: 073502.

[198]蒲永平, 姚谋腾, 高子岩, 等. 无铅压电陶瓷的研究进展[J]. 人体晶体学报, 2015, 44 (8), 2034.

[199]肖定全. 钙钛矿型无铅压电陶瓷研究进展及今后发展思考[J]. 人工晶体学报, 2012, 41 (s): 58 – 67.

[200]Xue D, Zhou Y, Bao H, et al. Large piezoelectric effect in Pb – free Ba(Ti, Sn)O$_3$ – x(Ba, Ca)TiO$_3$ ceramics[J]. Applied Physics Letters, 2011, 99: 122901.

[201]Gnewuch H, Zayer N. K, Pannell C. N, et al. Broadband monolithic acousto – optic tunable filter[J]. Optics Letters, 2000, 25(5): 305.

[202]Snook K, Zhao J. Z, Alves C, et al. Design, fabrication, and evaluation of high frequency, single – element transducers incorporating different materials［J］. IEEE Transactions on Ultrasonics Ferroelectrics & Frequency Control, 2002, 49(2): 169 – 176.

[203] Chen. F. Photonic guiding structures in lithium niobate crystals produced by energetic ion beams [J]. Journal of Applied Physics, 2009, 106(8): 081101.

[204] Dubois M. A, Muralt P. Properties of aluminum nitride thin films for piezoelectric transducers and microwave filter applications[J]. Applied Physics Letters, 1999, 74(20): 3032.

[205] Ozgur U, Alivov Y. I, Liu C, et al. A comprehensive review of ZnO materials and devices[J]. Journal of Applied Physics, 2005, 98(4): 41301 – 0.

[206] 潘仲明. 大量程超声波测距系统研究[D]. 长沙：国防科学技术大学, 2006.

[207] 邹轶. 近距离高精度超声波测距系统设计[D]. 大连：大连理工大学, 2009.

[208] 张克文. 长输管道超声波在线检测技术探讨[J]. 石油化工安全环保技术, 2010, 26 (3): 27 – 30.

[209] Ghoshal G, Turner J. A, Weaver R. L. Wigner distribution of a transducer beam pattern within a multiple scattering formalism for heterogeneous solids[J]. The Journal of the Acoustical Society of America, 2007, 122(4): 2009.

[210] Ghoshal G, Turner J. A. Diffuse ultrasonic back scatter at normal incidence through a curved interface[J]. The Journal of the Acoustical Society of America, 2010, 128(6): 3449.

[211] Lobkis O. I, Yang L, Li J, et al. Ultrasonic backscattering in polycrystals with elongated single phase and duplex microstructures[J]. Ultrasonics, 2012, 52: 694 – 705.

[212] Yang L, Li J, Lobkis O. I, et al. Ultrasonic Propagation and Scattering in Duplex Microstructures with Application to Titanium Alloys[J]. Journal of Nondestructive Evaluation, 2012, 31(3): 270 – 283.

[213] 刘镇清. 超声检测研究的若干进展[J]. 实用测试技术, 1996, 11(5): 33 – 36.

[214] 魏志刚. 基于超声检测的轮箍缺陷模糊模式识别研究[D]. 武汉：中国科学院研究生院 (武汉物理与数学研究所), 2006.

[215] 姚锋涛. 基于超声回波信号的钢轨伤损识别与分类研究[D]. 西安：西安理工大学, 2020.

[216] 吴晶, 吴晗平, 黄俊斌, 等. 光纤光栅传感信号边缘滤波解调技术研究进展[J]. 光通信技术, 2014, 38(004): 38 – 41.

[217] 杨慧珠, 张远高, 鲁小蓉. 动力学的反问题固体力学发展趋势[M] 北京：北京理工大学出版社, 1995.

[218] N. 布莱斯坦美, 等. 多维地震成像、偏移和反演中的数学[M] 北京：科学出版社, 2004.

[219] 沈建中. 超声成像技术及其在无损检测中的应用无损检测[J], 无损检测, 1994, 7, 234 – 238.

[220] Chew W. C. Waves and Fields in inhomogeneous Media [M], New York：Van Nostrand Reinhold, 1990.

[221] 丁辉. 计算超声学：声场分布及应用北京[M]：科学出版社, 2010.

[222] 方欣栋. 分布式光纤地震波传感系统及勘探应用研究[D]. 成都：电子科技大学, 2018.

[223] 梁博森, 李彦欣. 地震波超前勘探技术在断层探测中的应用与研究[J]. 煤炭技术, 2017, 36(011)：173 – 175.

[224] 钱菊华, 郝守玲, 周枫. 三维复杂地表复杂地层物理模型制作研究[C]. 中国地球物理学会第二十五届年会.

[225] 赵鸿儒, 唐文榜, 郭铁栓. 超声地震模型试验技术及应用[M]. 北京：石油工业出版社, 1986.

[226] 孙进忠, 郭铁栓, 唐文榜, 等. 我国超声地震模型实验的理论研究与实践[J]. 地球物理学报, 1997, 40(增刊)：266 – 274.

[227] 郝守玲, 赵群. 地震物理模型技术的应用与发展[J]. 油气藏评价与开发, 2002, 25(2)：34 – 43.

[228] Maike L. B, Charlotte M. K, Nina K, et al. Performance of piezoelectric transducers in terms of amplitude and waveform. Geophysics, 2009, 74(2)：33.

[229] Hilterman F. J. Three – dimensional seismic modeling[J]. Geophysics, 1970, 35(6)：1020 – 1037.

[230] Hoth S, Hoffmann – roth A, Kukowski N. Frontal accretion – An internal clock for bivergent wedge deformation and surface uplift[J]. Journal of Geophysical Research, 2007, 112(12)：1 – 17.

[231] Kaufman S, Roever W. L. Laboratory studies of transient elastic waves[J]. Proceedings of the Third World Petroleum Congress, 1951, 12(5)：537 – 545. .

[232] Koyi H. A. Mode of internal deformation in sand wedges[J]. Journal of Structural Geology, 1995, 17(3)：293 – 300.

[233] Purnell G. W. Observations of wave velocity and attenuation in two – phase media[J]. Geophysics, 1986, 51(12)：2193 – 2199.

[234] 李莉. 1 – 3 系压电复合材料及水声换能器研究[D]. 北京邮电大学, 2008.

[235] 甘国友, 严继康, 孙加林. 压电复合材料的现状与展望[J]. 功能材料, 2000(05)：456 – 459 + 463.

[236] Seo D. S, Park C, Leaird D. E, et al. Improvement of a Pound – Drever – Hall Technique to Measure Precisely the Free Spectral Range of a Fabry – Perot Etalon[J]. Journal of the Optical Society of Korea, 2015, 19(4)：357 – 362.

[237] Hua L, Song Y, Huang J, et al. Microwave interrogated large core fused silica fiber Michelson interferometer for strain sensing[J]. Applied Optics, 2015, 54(24)：7181 – 7187.

[238] Rosenthal A, Razansky D, Ntziachristos V. High – sensitivity compact ultrasonic detector based on a pi – phase – shifted fiber Bragg grating[J]. Optics Letters, 2011, 36(10)：1833 – 1835.

[239]Wu Q, Okabe Y, Yu F. Ultrasonic structural monitoring using fiber Bragg grating[J]. Sensors, 2018, 18(10): 3395.

[240]Rozenberg L D. High – Intensity Ultrasonic Fields[J]. Physics Today, 1972, 25(3): 73 – 78.

[241]Rong Q, Qiao X, Guo T, et al. Orientation – dependant inclinometer based on intermodal coupling of two – LP – modes in a polarization – maintaining photonic crystal fiber[J]. Optics Express, 2013, 21(15): 17576 – 17585.

[242]Park H, Thursby G, Culshaw B. High – frequency acoustic detector based on fiber Fabry – Perot interferometer[C]. Second European Workshop on Optical Fibre Sensors. International Society for Optics and Photonics, 2004, 5502: 213 – 216.

[243]Wang W, Wu N, Tian Y, et al. Miniature all – silica optical fiber pressure sensor with an ultrathin uniform diaphragm[J]. Optics Express, 2010, 18(9): 9006 – 9014.

[244]Rao Y. J, Deng M, Duan D. W, et al. Micro Fabry – Perot interferometers in silica fibers machined by femtosecond laser[J]. Optics Express, 2007, 15(21): 14123 – 14128.

[245]Lee C. E, Gibler W. N, Atkins R. A, et al. In – line fiber Fabry – Perot interferometer with high – reflectance internal mirrors[J]. Journal of Lightwave Technology, 1992, 10(10): 1376 – 1379.

[246]Rao Y. J, Zhu T, Yang X. C, et al. In – line fiber – optic etalon formed by hollow – core photonic crystal fiber[J]. Optics Letters, 2007, 32(18): 2662 – 2664.

[247]Liu T, Han M. Analysis of Pi – Phase – Shifted fiber Bragg gratings for ultrasonic detection. IEEE Sensor Journal, 2012, 12(7): 2368 – 2373.

[248]Rosenthal A, Omar M, Estrada H, et al. Embedded ultrasound sensor in a silicon – on – insulator photonic platform[J]. Applied Physics Letters, 2014, 104(2): 021116.

[249]Ashkenazi S, Hou Y, Buma T, et al. Optoacoustic imaging using thin polymer etalon[J]. Applied Physics Letters, 2005, 86(13): 134102.

[250]Rosenthal A, Razansky D, Ntziachristos V. Wideband optical sensing using pulse interferometry [J]. Optics Express, 2012, 20(17): 19016 – 19029.

[251]Rong Q, Sun H, Qiao X, et al. A miniature fiber – optic temperature sensor based on a Fabry – Perot interferometer[J]. Journal of Optics, 2012, 14(4): 045002.

[252]Wang Y, Wang D. N, Wang C, et al. Compressible fiber optic micro – Fabry – Pérot cavity with ultrahigh pressure sensitivity[J]. Optics Express, 2013, 21(12): 14084 – 14089.

[253]Sun B, Wang Y, Qu J, et al. Simultaneous measurement of pressure and temperature by employing Fabry – Perot interferometer based on pendant polymer droplet[J]. Optics Express, 2015, 23(3): 1906 – 1911.

[254]Guo F, Fink T, Han M, et al. High – sensitivity, high – frequency extrinsic Fabry – Perot interferometric fiber – tip sensor based on a thin silver diaphragm[J]. Optics Letters, 2012, 37

(9): 1505 - 1507.

[255] Xu F, Ren D, Shi X, et al. High – sensitivity Fabry – Perot interferometric pressure sensor based on a nanothick silver diaphragm[J]. Optics Letters, 2012, 37(2): 133 - 135.

[256] Dakin J. P, Ecke W, Schroeder K, et al. Optical fiber sensors using hollow glass spheres and CCD spectrometer interrogator [J]. Optics and Lasers in Engineering, 2009, 47(10): 1034 - 1038.

[257] Young T, Monclus M. A, Burnett T. L, et al. The use of the PeakForceTM quantitative nanomechanical mapping AFM – based method for high – resolution Young's modulus measurement of polymers[J]. Measurement Science and Technology, 2011, 22(12): 125703.

[258] Guo F, Fink T, Han M, et al. High – sensitivity, high – frequency extrinsic Fabry – Perot interferometric fiber – tip sensor based on a thin silver diaphragm[J]. Optics Letters, 2012, 37(9): 1505 - 1507.

[259] Jiang J, Zhang T, Wang S, et al. Noncontact Ultrasonic Detection in Low – Pressure Carbon Dioxide Medium Using High Sensitivity Fiber – Optic Fabry – Perot Sensor System[J]. Journal of Lightwave Technology, 2017, 35(23): 5079 - 5085.

[260] Rosenthal A, Razansky D, Ntziachristos V. High – sensitivity compact ultrasonic detector based on a pi – phase – shifted fiber Bragg grating[J]. Optics Letters, 2011, 36(10): 1833 - 1835.

[261] Zhang Z, Liao C, Tang J, et al. High – sensitivity gas – pressure sensor based on fiber – tip PVC diaphragm Fabry – Pérot interferometer[J]. Journal of Lightwave Technology, 2017, 35(18): 4067 - 4071.

[262] Hasenkamp W, Forchelet D, Pataky K, et al. Polyimide/SU – 8 catheter – tip MEMS gauge pressure sensor[J]. Biomedical microdevices, 2012, 14(5): 819 - 828.

[263] Bae H, Yu M. Miniature Fabry – Perot pressure sensor created by using UV – molding process with an optical fiber based mold[J]. Optics Express, 2012, 20(13): 14573 - 14583.

[264] Hill G, Melamud R, Davenport A, et al. SU – 8 MEMS Fabry – Perot pressure sensor[J]. Sens. Actuators A Phys., 2007, 138(1): 52 - 62.

[265] Chen L. H, Chan C. C, Yuan W, et al. High performance chitosan diaphragm – based fiber – optic acoustic sensor[J]. Sensors and Actuators A: Physical, 2010, 163(1): 42 - 47.

[266] Liu L, Lu P, Wang S, et al. UV adhesive diaphragm – based FPI sensor for very – low – frequency acoustic sensing[J]. IEEE Photonics Journal, 2015, 8(1): 1 - 9.

[267] Brebu M, Vasile C, Antonie S. R, et al. Study of the natural ageing of PVC insulation for electrical cables[J]. Polymer degradation and stability, 2000, 67(2): 209 - 221.

[268] Seo D. S, Park C, Leaird D. E, et al. Improvement of a Pound – Drever – Hall Technique to Measure Precisely the Free Spectral Range of a Fabry – Perot Etalon[J]. Journal of the Optical Society of Korea, 2015, 19(4): 357 - 362.

[269] Arlman E. J. Alleged catalytic effect of hydrogen chloride on decomposition of PVC at high temperature[J]. Journal of Polymer Science, 1954, 12(1): 543 – 546.

[270] Rong Q, Shao Z, Yin X, et al. Ultrasonic imaging of seismic physical models using fiber Bragg grating Fabry – Perot probe[J]. IEEE Journal of Selected Topics in Quantum Electronics, 2016, 23(2): 223 – 228.

[271] Rong Q, Hao Y, Zhou R, et al. UW imaging of seismic – physical – models in air using fiber – optic Fabry – Perot interferometer[J]. Sensors, 2017, 17(2): 397.

[272] Zhang E, Laufer J, Beard P. Backward – mode multiwavelength photoacoustic scanner using a planar Fabry – Perot polymer film ultrasound sensor for high – resolution three – dimensional imaging of biological tissues[J]. Applied optics, 2008, 47(4): 561 – 577.

[273] Takeda N, Okabe Y, Kuwahara J, et al. Development of smart composite structures with small – diameter fiber Bragg grating sensors for damage detection: Quantitative evaluation of delamination length in CFRP laminates using Lamb wave sensing[J]. Composites science and technology, 2005, 65(15 – 16): 2575 – 2587.

[274] Wu Q, Okabe Y, Saito K, et al. Sensitivity distribution properties of a phase – shifted fiber Bragg grating sensor to ultrasonic waves[J]. Sensors, 2014, 14(1): 1094 – 1105.

[275] Gandhi N, Allard M, Kim S, et al. Photoacoustic – based approach to surgical guidance performed with and without a da Vinci robot[J]. Joural of Biomedical Optics, 2017, 22 (12): 121606.

[276] Lloydlewis B, Davis F. M, Harris O. B, et al. Imaging the mammary gland and mammary tumours in 3D: optical tissue clearing and immunofluorescence methods[J]. Breast Cancer Research, 2016, 18: 127.

[277] Hu S, Maslov K, Wang L. V. Three – dimensional optical – resolution photoacoustic microscopy [J]. Optics Letters. 2011, 36: 1134.

[278] Bell A. G. Upon the production and reproduction of sound by light[J]. Journal of the Society of Telegraph Engineers, 1880, 9(34): 404 – 426.

[279] Bell A. G. Upon the production of sound by radiant energy[M]. Washington D. C.: Gibson Brothers, 1881, 1 – 45.

[280] Burggraf L. W, Leyden D. E. Quantitative photoacoustic spectroscopy of intensely light – scattering thermally thick samples[J]. Analytical Chemistry, 1981, 53(6): 759 – 764.

[281] Bowen T. Radiation – induced thermoacoustic soft tissue imaging[C]. Ultrasonics Symposium, Chicago, 1981, 817 – 822.

[282] Bowen T, Nasoni R. L, Pifer A. E, et al. Some experimental results on the thermoacoustic imaging of tissue equivalent phantom materials[C]. Ultrasonics Symposium, Chicago, 1981, 823 – 827.

[283] Wang X. D, Pang Y. J, Ku G, et al. Noninvasive laser – induced photoacoustic tomography for structural and functional in vivo imaging of the brain [J]. Nature Biotechnogogy, 2003, 21(7): 803 – 806.

[284] Song L, Maslov K, Bitton R, et al. Fast 3 – D dark – field reflection – mode photoacoustic microscopy in vivo with a 30 – MHz ultrasound linear array [J]. Journal of Biomedical Optics, 2008, 13(5): 054028.

[285] Jansen K, Steen A. F. W. van der, Beusekom H. M. M. van, et al. Intravascular photoacoustic imaging of human coronary atherosclerosis [J]. Optics Letters. 2011, 36(5): 597 – 599.

[286] Yang Y, Li X, Wang T. H, et al. Integrated optical coherence tomography, ultrasound and photoacoustic imaging for ovarian tissue characterization [J]. Biomedical Optics Express. 2011, 2(9): 2551 – 2561.

[287] Yang J. M, Favazza C, Chen R, et al. Toward dual – wavelength functional photoacoustic endoscopy: laser and peripheral optical systems development [C]. Proc. SPIE. 2012, 8223: 822316.

[288] Kruger R. A, Miller K. D, Reynolds H. E, et al. Contrast enhancement of breast cancer in vivo using thermoacoustic CT at 434 MHz [J]. Radiology. 2000, 216: 279 – 283.

[289] Song L, Maslov K, Wang L. V. Multifocal optical – resolution photoacoustic microscopy in vivo [J]. Optics Letters. 2001, 36: 1236 – 1238.

[290] Song L, Maslov K, Wang L. V. Section – illumination photoacoustic microscopy for dynamic 3D imaging of microcirculation in vivo [J]. Optics Letters. 2010, 35: 1482 – 1484.

[291] Payne B. P, Venugopalan V, Mikic B. B, et. al. Optoacoustic tomography using time – resolved interferometric detection of surface displacement [J]. Biomedical Optics. 2003, 8(2): 273 – 280.

[292] Beard P. C, Perennes F, Draguioti E, et. al. Optical fiber photoacoustic photothermal probe [J]. Optics Letters. 1998, 23(15): 1235 – 1237.

[293] Niederhauser J. J, Frauchiger D, Weber H. P, et. al. Real time optoacoustic imaging using a schlieren transducer [J]. Applied Physics Letters. 2002, 81(4): 571 – 573.

[294] Kostli K. P, Frenz M, Weber H. P, et. al. Optoacoustic tomography: time – gated measurement of pressure distributions and image reconstruction [J]. Applied Optics. 2001, 40(22): 3800 – 3809.

[295] Zeng Y. G, Xing D, Wang Y. Photoacoustic and ultrasonic co – image with a linear transducer array [J]. Optics Letters. 2004, 29(16): 1760 – 1762.

[296] Markolf (德). 激光与生物组织的相互作用 [M]. 张镇西, 等. 译. 西安: 西安交通大学出版社, 1999.

［297］徐国祥. 实用激. 激光医学基础［M］. 广州：华南理工大学出版社，1990.

［298］史宏敏. 激光医学基础［M］. 广州：华南理工大学出版社，1990.

［299］朱菁. 激光医学［M］. 上海：上海科学技术出版社，2003.

［300］王惠文. 激光与生命科学［M］. 北京：北京理工大学出版社，1995.

［301］唐建民，赵玉衡，等. 实用激光医学［M］. 重庆：科学技术出版社重庆分社，1989.

［302］周康源. 生物医学超声工程［M］. 成都：四川教育出版社，1991.

［303］白净. 医学超声成像机理［M］. 北京：清华大学出版社，1998.

［304］M. Haltmeier, O. Scherzer, P. Burgholzer, et al. Thermoacoustic tomography and the circular Radon transform: exact inversion formular［J］. Mathematical Models and Methods in Applied Sciences，2007，17(4): 635 – 655.

［305］K. P. Kostli, P. C. Beard. Two – dimensional photoacoustic imaging by use of Fourier – transform image reconstruction and a detector with an anisotropic response［J］. Applied Optics，2003，42(10): 1899 – 1908.

［306］Haltmeier M，Scherzer O，Burgholzer P，et al. Thermoacoustic computed tomography with large planar receivers［J］. Inverse problems. 2004，20(5): 1663 – 1673.

［307］Paltauf G，Nuster R，Haltmeier M，et al. Photoacoustic tomography using a Mach – Zehnder interferometer as an acoustic line detector［J］. Applied Optics. 2007，46(16): 3352 – 3358.

［308］Nuster R，Gratt S，Passler K，et al. Comparison of optical and piezoelectric integrating line detectors［C］. Proc. SPIE. 2009，7177: 71770T.

［309］Paltauf G，Nuster R，Burgholzer P，et al. Characterization of integrating ultrasound detectors for photoacoustic tomography［J］. Applied Physics. 2009，105: 102026.

［310］Nuster R，Holotta M，Grossauer H，et al. Photoacoustic micro – tomography using interferometric detection［J］. Biomedical. Optics. 2010，15: 021307.

［311］Paltauf G，Nuster R，Passler K，et. al. Optimizing image resolution in three – dimensional photoacoustic tomography with line detectors［C］. Proc. SPIE. 2008，6856: 685621.

［312］Kiesel S，Peters K，Hassan T，et. al. Behavior of intrinsic polymer optical fiber sensor for large – strain［J］. Measurement Science and Technology. 2007，18: 3144 – 3154.

［313］Grun H，Berer T，Burgholzer P，et. al. Three – dimensional photoacoustic imaging using fiber – based line detectors［J］. Biomedical. Optics. 2010，15(2): 021306.

［314］Gallego D，Lamela H. High sensitivity interferometric polymer optical fiber ultrasound sensor for optoacoustic imaging and biomedical application［C］. Proc. SPIE. 2011，7753: 775370.

［315］李国华，吴淼. 现代无损检测与评价［M］. 北京：化学工业出版社，2009. 1.

［316］张俊哲. 无损检测技术及其应用［M］. 2版. 北京：科学出版社，2010. 10.

［317］尹玲. 棒材超声波自动探伤系统的研制［D］. 重庆：重庆大学，2006.

［318］孙建东. 全数字超声探伤仪的设计与实现［D］. 南京：南京邮电大学，2010.

［319］沈毅．超声无损检测装置的研究与设计［D］．南京：南京邮电大学，2011．

［320］邹毅．数字式超声波探伤系统的研发［D］．长沙：国防科技大学，2007．

［321］黎连修．超声检测技术在中国［J］．无损检测．2008，30（4）．

［322］耿荣生．新千年的无损检测技术——从罗马会议看无损检测技术的发展方向［J］．无损检测，2001，23（1）：2－5．

［323］罗雄彪，陈铁群．超声无损检测的发展趋势［J］．无损检测，2005，27（3）：148－152．

［324］邹明．超声检测中无线数据传输系统的设计［D］．南京：南京信息工程大学，2010．

［325］董少博．光纤超声波传感器用于非接触式桥梁动挠度监测技术的研究［D］．南京：东南大学，2017．

［326］王自远．基于光纤超声波传感的桥梁沉降分布式探测与解析研究［D］．南京：东南大学，2017．

［327］Takeda N，Okabe Y，Kuwahara J，et al．Development of smart composite structure with small－diameter fiber Bragg grating sensor for damage detection：Quantitative evaluation of delamination length in CFRP laminates using lamb wave sensing［J］．Composites science and technology，2005，65（15）：2575－2587．

［328］Takeda N．Recent development of structural health monitoring technologies for aircraft composite structures［C］．26th International Congress of the Aeronautical Science（ICAS 2008）．Anchorage，Alaska：International Council of the Aeronautical Science（ICAS），2008：1－12．

［329］Tsuda H，Ultrasound and damage detection in CFRP using fiber Bragg grating sensor［J］．Compos. Sci. Technol，2006，66（5）：676－683．

［330］Tsuda H，Toyama N，Urabe K，et al．Impact damage detection in CFRP using fiber Bragg gratings［J］．Smart Mater. Struct. ，2004，13（4）：719－724．

［331］Soejima H，Nakamura N，Ogisu T，et al．Experimental investigation of impact damage detection for CFRP structural by Lamb wave sensing using FBG/PZT hybrid system［C］．16th International conference on composite materials．Kyoto，Japan：the Japan society for composite materials（JSCM）and the Japan aerospace exploration agency（JAXA），2007：1－9．

［332］Lee J. R，Tsuda H，Toyama N，et al．Impact wave and damage detection using a strain－free fiber Bragg grating ultrasonic receiver［J］．NDT&E International，2007，40（1）：85－93．

［333］Man L. P，Tak L. K，Yin L. H，et al．Acousto－ultrasonic sensing for delaminated GFRP composites using an embedded FBG sensor［J］．Optics and Lasers in Engineering，2009，47（10）：1049－1055．

［334］Tsuda H，Sato E，Nakajima T，et al．Acoustic emission measurement using a strain－insensitive fiber Bragg grating sensor under varying load condition［J］．Optics letters，2009，34（19）：2942－2944．

［335］Betz D. C，Staszewski W. J，Thursby G，et al．Multi－functional fiber Bragg grating sensor for fatigue crack detection in metallic structures[J]. Proceedings of the Institution of mechanical engineers part G: Journal of aerospace engineering 2006, 220(5): 453 – 461.

[336]Tsuda H, Lee J. R, Guan Y. S. Fatigue crack propagation monitoring of strain – less steel using fiber Bragg grating ultrasound Sensors [J]. Smart mater. Struct. , 2006, 15(5): 1429 – 1437.

[337]Tsuda H, Lee J. R, Guan Y. S, et al. Investigation of Fatigue crack in stainless steel using a mobile fiber Bragg grating ultrasonic sensor[J]. Optical Fiber Technology, 2007, 13(3): 209 – 214.

[338]Botsev Y, Arad E, Tur M, et al. Damage detection under a composite patch using an embedded PZT – FBG ultrasonic sensor array [C]. Proceedings of SPIE 6619, Third European workshop on optical fiber sensors. Bellingham: SPIE Press, 2007: 661942.

[339]刘镇清, 陈广. 超声无损检测中的谱分析技术[J]. 无损检测, 2001, 23(2): 85 – 88.

[340]周凯, 赵望达. 超声波对混凝土强度的无损检测[J]. 自动化与仪表, 2007(1): 36 – 38, 101.

[341]周凯. 超声波混凝土构件检测系统的研究及试验分析[D]. 长沙: 中南大学, 2007.

[342]王怀亮, 宋玉普. 不同尺寸混凝土试件受压状态下超声波传播特性研究 [J]. 大连理工大学学报, 2007, 47(1): 90 – 94.

[343]沈功田, 刘时风. 中国声发射检测技术进展[J]. 无损检测, 2003, 25(6): 302 – 307.

[344]许中林, 李国禄, 董天顺, 等. 声发射信号分析与处理方法研究进展[J]. 材料导报, 2014, 28(09): 56 – 60 + 73.

[345]Rajtar J. M, Muthuah R. Pipeline leak detection system for oil and gas flow lines[J]. Journal of Manufacturing Science and Engineering, 1997: 119 – 122.

[346]Barren B. W. Particle filters beam forming for acoustic source localization in areveberant environment[D], NDT&E International, 2003: 37 – 42.

[347]Drouillard T. F. Industrial use of acoustic emission for NDT[M]. Monitoring Structural Integrity by Acoustic Emission, ASTM STP571, 1975.

[348]Bently P. G, An Evaluation of acoustic emission for the detection of defect produced during fusion of mild a stainless steels[J]. NDT International, 1982, 15(5): 299 – 304.

[349]Borinski J. M, Duke J. C, Horne M. R. Fiber optic acoustic emission sensors for harsh environment health monitoring[J]. Proceedings of the SPIE – The International Society for Optical Engineering, 2001(4335): 399 – 409.

[350]袁振明, 等. 声发射技术及其应用[M]. 北京: 机械工业出版社. 1985.

[351]合肥通用机械研究所声发射组. 声发射技术的应用[M]. 机械强度, 1978, 5.

[352]沈阳金属研究所. 声发射[M]. 北京: 科学出版社, 1972.

[353]谭云亮, 李芳成, 周辉, 等. 冲击地压声发射前兆模式初步研究[J]. 岩石力学与工程学报, 2000(04): 425 – 428.

[354]沈功田，耿荣生，刘时风. 声发射信号的参数分析方法[J]. 无损检测，2002(02)：72 - 77.

[355]沈功田，耿荣生，刘时风. 声发射源定位技术[J]. 无损检测，2002(03)：114 - 117 + 125.

[356]杨磊，冯美华. 声发射监测评价冲击地压危险状态的机制及应用研究[J]. 煤矿开采，2016，21(06)：92 - 95 + 103.

[357]Armstrong B H. Acoustic emission prior to rockbursts and earthquakes[J]. Bulletin of the Seismological Society of America，1969，59(3)：1259 - 1279.

[358]Kalafat S，Sause M G R. Acoustic emission source localization by artificial neural networks[J]. Structural Health Monitoring，2015，14(6)：633 - 647.

[359]李瑞，肖文，姚东，等. 光纤声传感器的实验系统研究[J]. 光电工程，2009，36(6)：131 - 134.

[360]蒋奇，李术才，李树忱. 类岩石材料破裂声发射的光纤光栅传感监测技术[J]. 无损检测，2008，30(10)：734 - 737.

[361]刘俊锋. 光纤声发射检测与定位的理论及实验研究[D]. 哈尔滨：哈尔滨工程大学，2009.

[362]Vandenplas S，Jean - Michel P，Wevers M. Acoustic emission monitoring using a polar metric single mode optical fiber sensors[C]. Proceedings of SPIE，2005：1064 - 1067.

[363]Vengsarkar A. M，Murphy K. A，et al. Novel fiber optic hydrophone for ultrasonic measurements[C]. IEEE 1998 ultrasonic Symposium Proceedings，1998(1)：603 - 606.

[364]Geoffrey A. C，Philip J. N. Large - scale remotely interrogated arrays of fiber - optic interferometer sensors for underwater acoustic applications[J]. IEEE Sensors Journal，2003，3(1)：19 - 30.

[365]Kageyatna K，Murayama H，Ohsawa I. Acoustic emission monitoring of a reinforced concrete structure by applying new fiber - optic sensors[J]. Smart Materials and Structures，2005，14(3)：52 - 59.

[366]Narendran N，Zhou Chonghua，Letchef S. Fiber acoustic sensor for nondestructive evaluation[J]. Optics and Lasers in Engineering，1995，22(2)：137 - 148.

[367]Kurmer J. P，Kingsley S. A，Laudo J. S，et al. Applicability of a novel distributed fiber optic acoustic sensor for leak detection[C]. Proceeding of SPIE，1992：63 - 71.

[368]Michael R，Gorman. Some Connection Between AE Testing of Large Structures and Small Samples[D]，1998.

[369]Christopher P，Fotos. Acoustic Emission technique Tests Aircraft Integrity[J]，Aviation week& Space technology，1989.

[370]Baldwin C. S，Vizzini A. J. Acoustic emission crack detection with FBG[C]. Proceedings of

SPIE, 2003: 133 – 143.

[371] 郭继坤, 曹权, 贾皓翔. 改进的马赫 – 曾德尔干涉仪的光纤传感定位系统[J]. 黑龙江科技大学学报, 2019, 29(6): 20 – 724.

[372] 王欣欣, 于师建. 基于小波分析的冲击地压微震前兆信号研究[J]. 工矿自动化, 2019, 45(9): 70 – 74.

[373] 李云鹏, 张宏伟, 韩军, 等. 基于分布式光纤传感技术的卸压钻孔时间效应研究[J]. 煤炭学报, 2017, 42(11): 2834 – 2841.

[374] Li C. J, Li S. Y. Acoustic emission analysis for bearing condition monitoring[J]. Wear, 1995, 185(1 – 2): 67 – 74.

[375] 裴玮. 基于光纤光栅的门式起重机健康监测实验系统研究[D]. 太原: 中北大学: 2010.

[376] 缪长宗, 徐海英, 林长圣, 等. 光纤声传感器特性的实验研究[J]. 传感技术学报, 2006, 19(3), 810 – 820.

[377] 李宁, 魏鹏, 莫宏, 等. 光纤光栅声发射检测新技术用于轴承状态监测的研究[J]. 振动与冲击, 2015, 34(003): 172 – 177.

[378] 李军浩, 韩旭涛, 刘泽辉. 电气设备局部放电检测技术述评[J] 高电压技术, 2015, 41(8): 2583.

[379] Lima S. E. U, Frazao O, Farias R. G. Mandrel – based fiber – optic sensors for acoustic detection of partial discharges—a proof of concept IEEE Transaction on Power Delivery, 2010, 25(4): 2526.

[380] 李继胜, 赵学风, 杨景刚. aIS 典型缺陷局部放电测量与分析[J]. 高电压技术, 2010, 35(10): 2440.

[381] Bar – Zion A, Tremblay – Darveau C, Solomon O, et al. Fast vascular ultrasound imaging with enhanced spatial resolution and background rejection[J]. IEEE transactions on medical imaging, 2016, 36(1): 169 – 180.

[382] Churgin M. A, Liu M, Buma T. Fiber optic Sagnac interferometer for characterizing ultrasound biomicroscopy transducers[C]. 2009 IEEE International Ultrasonics Symposium, 2009: 952 – 955.

[383] Lamela H, Gallego D, Oraevsky A. Optoacoustic imaging using fiber – optic interferometric sensors[J]. Optics Letters, 2009, 34(23): 3695 – 3697.

[384] Lanza G, Wallace K, Fischer S, et al. High – frequency ultrasonic detection of thrombi with a targeted contrast system[J]. Ultrasound in Medicine & Biology, 1997, 23(6): 863 – 870.

[385] Koike Y, Asai M. The future of plastic optical fiber[J]. NPG Asia Materials, 2009, 1(1): 22 – 28.

附录 A　常用缩略语

PZT	Pie – Zoelectric Transducer	压电换能器
APD	Avalanche Photo – Diode	雪崩光电二极管
FBG	Fiber Bragg Grating	光纤布拉格光栅
TFBG	Tilted Fiber Bragg Grating	倾斜光纤光栅
SNR	Signal to Noise Ratio	信噪比
SMF	Single Mode Fiber	单模光纤
MZI	Mach – Zehnder Interferometer	马赫 – 曾德尔干涉仪
MI	Michelson Interferometer	迈克尔逊干涉仪
FPI	Fabry – Perot Interferometer	法布里 – 珀罗干涉仪
MMF	Multi – Mode Fiber	多模光纤
IFPI	Intrinsic Fabry – Perot Interferometer	本征型法布里 – 珀罗传感器
EFPI	Extrinsic Fabry – Perot Interferometer	非本征型法布里 – 珀罗传感器
HCF	Hollow Core Fiber	空芯光纤
LPG	Long Period Grating	长周期光栅
PCF	Pohotonic Crystal Fiber	光子晶体光纤
PS – FBG	Phase Shift – Fiber Bragg Grating	相移光纤光栅
DFB	Distributed Feedback Back	分布式反馈激光器
DBR	Distributed Bragg Reflector	分布光纤光栅反射式激光器
BPD	Balanced Photo – Detector	平衡光电检测器
STFT	Short Time Fourier Transform	短时傅立叶变换
WVD	Wigner – Ville Distribution	维尔分布
WT	Wavelet Transform	小波变换
HHT	Hilbert – Huang Transform	希尔伯特变换
EMD	Empirical Mode Decomposition	经验模态分解
HAS	Hilbert Spectral Analysis	希尔伯特谱分析

IMF	Intrinsic Mode Function	本征模态函数
FSR	Free Spectral Range	自由光谱范围
PD	Photoelectric Detector	光电探测器
PVC	Poly – Vinyl Chloride	聚氯乙烯
PMMA	Poly – Methyl Meth – Acrylate	聚甲基丙烯酸甲酯
PAI	Photo – Acoustic Imaging	光声成像
POF	Plastic Optical Fiber	塑料光纤
PC	Polarization Controller	偏振控制器
NDT&E	Non – Destructive Testing and Evaluation	无损检测与评价
CFRP	Carbon Fiber Reinforced Plastics	碳纤维增强塑料
AE	Acoustic emission	声发射
AMI	Average Mutual Information	平均共有信息